Massenspektrometrie

Jürgen H. Gross

Massenspektrometrie

Spektroskopiekurs kompakt

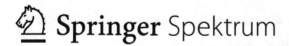 Springer Spektrum

Jürgen H. Gross
Organisch-Chemisches Institut
Universität Heidelberg
Heidelberg, Baden-Württemberg
Deutschland

ISBN 978-3-662-58634-1   ISBN 978-3-662-58635-8   (eBook)
https://doi.org/10.1007/978-3-662-58635-8

Die Deutsche Nationalbibliothek verzeichnet diese Publikation in der Deutschen Nationalbibliografie; detaillierte bibliografische Daten sind im Internet über http://dnb.d-nb.de abrufbar.

Springer Spektrum

Springer Spektrum ist ein Imprint der eingetragenen Gesellschaft Springer-Verlag GmbH, DE und ist ein Teil von Springer Nature
Die Anschrift der Gesellschaft ist: Heidelberger Platz 3, 14197 Berlin, Germany

Vorwort

Die Grundlagen spektroskopischer Methoden sowie die Interpretationstechniken für damit generierte Spektren gehören unabdingbar zu jedem Bachelor-Studiengang der Chemie und teilweise auch zu verwandten Studiengängen. Das umfasst gemeinhin Infrarotspektroskopie (*infrared,* IR), Spektroskopie mit ultraviolettem (*ultraviolet,* UV) und sichtbarem (*visible,* Vis) Licht sowie Fluoreszenzspektroskopie (*fluorescence spectroscopy*) und natürlich die Kernspinresonanzspektroskopie (*nuclear magnetic resonance,* NMR). Außerdem werden in diesem Kontext die Massenspektrometrie (*mass spectrometry,* MS) und oftmals auch deren Kopplung mit Gas- (*gas chromatography,* GC) und Flüssigchromatographie (*liquid chromatography,* LC) behandelt. Mancherorts wird auch die Kristallstrukturanalyse (*X-ray crystallography*), welche die Beugung von Röntgenstrahlung beim Durchgang durch Kristalle nutzt, in dieses Modul integriert.

An vielen Universitäten, so auch an der Universität Heidelberg, wird die moderne instrumentelle Analytik in Form eines „Spektroskopiekurses" vermittelt. Gleich wie diese Lehrveranstaltung an Ihrer Universität nun benannt wird, ob sie wie bei uns als Blockveranstaltung oder über ein Semester verteilt gelehrt wird, dürfte ein kompakter, leichtverständlicher Begleittext zu den einzelnen Themen hilfreich sein. Da der Lehrstoff im Detail aber variiert, bietet es sich an, die Themenblöcke einzeln anzubieten. Mit „Massenspektrometrie – Spektroskopiekurs kompakt" ist ein sehr preiswertes schnell durchzuarbeitenden Büchlein entstanden, das einerseits den Umfang üblicher Skripte deutlich übersteigt, andererseits aber das Wichtigste in Kürze zusammenträgt und mit Verweisen auf weiterführende Literatur und vollumfängliche Werke zur Massenspektrometrie den Weg in diesen Teil der Analytik öffnet.

Weitere Bücher der Reihe sind als „Springer Essentials" erhältlich:

„UV/Vis- und Fluoreszenzspektroskopie – Spektroskopiekurs kompakt" von Florian Hinderer (https://www.springer.com/978-3-658-25440-7) und „Kristallstrukturanalyse durch Röntgenbeugung – Spektroskopiekurs kompakt" von Thomas Oeser (https://www.springer.com/978-3-658-25438-4). Bitte beachten Sie dazu auch die Hinweise auf der letzten Seite dieses Bandes.

Der Abstufung der Komplexität der zugehörigen Spektrometer und Auswertungstechniken entsprechend steht zu erwarten, dass Sie im Studium UV-Vis- und IR-Spektrometer ebenso wie Gas- oder Flüssigchromatographen im Rahmen von Praktika selbst bedienen werden und dass Sie eventuell Zugang zu fest konfigurierten NMR- oder Massenspektrometern erhalten. Für Kristallstrukturanalysen sowie komplexere NMR- und MS-Analytik werden in der Regel analytische Servicelabore betrieben. Unabhängig davon, ob man ein Gerät selbst bedient oder eine Probe zur Analyse an Spezialisten übergibt, sind solide Grundkenntnisse der betreffenden spektroskopischen Methode unabdingbar. Nur so kann man abschätzen, welches Verfahren die Fragestellung effektiv beantworten kann oder welche Kombination von Methoden beim aktuellen Problem zielführend sein wird. Auch gilt es, die produzierten Spektren korrekt zu interpretieren.

Um ein Thema mithilfe der Reihe „Spektroskopiekurs kompakt" zur erarbeiten, sollten Sie bereits Kenntnisse über den Atombau, die chemische Bindung sowie die Grundlagen der Physikalischen Chemie verfügen. Außerdem wird eine Vertrautheit mit der Organischen Chemie – weniger mit den vielfältigen Reaktionen als mit den Stoffklassen – vorausgesetzt.

Nun wünsche ich Ihnen viel Erfolg bei den ersten Schritten in der Massenspektrometrie.

Dr. Jürgen H. Gross
Organisch-Chemisches Institut der Universität Heidelberg
Im Neuenheimer Feld 270
69120 Heidelberg
E-Mail: juergen.gross@oci.uni-heidelberg.de

Inhaltsverzeichnis

1	**Einleitung**	1
2	**Prinzip der Massenspektrometrie**	3
3	**Anwendungsgebiete**	5
4	**Konzept der MS**	7
	4.1 Wichtige Begriffe	8
5	**Atome, Isotope und Masse**	11
	5.1 Atome und deren Isotope	11
	5.2 Atommasseneinheit	11
	5.3 Klassifizierung von Elementen	13
	5.4 Isotopenhäufigkeiten	14
	5.5 Isotopenmuster	14
	5.6 Berechnung von Isotopenmustern	16
6	**Ionisation**	23
	6.1 Elektronenstoßionisation	24
	6.2 EI-Ionenquelle	26
	6.3 Born-Oppenheimer-Näherung und Franck-Condon-Prinzip	27
	6.4 Energetik des Ionisationsprozesses	29
	6.5 Vom Molekül zu den Fragmenten	30
7	**Fragmentierungsreaktionen**	33
	7.1 σ-Spaltung von Radikal-Ionen	34
	7.2 α-Spaltung von Radikal-Ionen	35
	7.3 Charakteristische Ionen	42
	7.4 Neutralverluste	43
	7.5 McLafferty-Umlagerung von Radikal-Ionen	45

7.6 Retro-Diels-Alder-Reaktion.............................. 50
7.7 Weitere häufige Neutralverluste......................... 51

8 Hochauflösung und exakte Masse........................... 57
8.1 Massenauflösung und Auflösungsvermögen 57
8.2 Exakte Masse.. 59
8.3 Bestimmung von Summenformeln aus exakten Massen....... 59

9 Ionisationsmethoden...................................... 69
9.1 Chemische Ionisation................................. 71
9.2 Feldionisation und Felddesorption...................... 75
9.3 Fast Atom Bombardment.............................. 78
9.4 Matrix-unterstützte Laserdesorption/Ionisation............. 80
9.5 Elektrospray-Ionisation 84
9.6 Chemische Ionisation bei Atmosphärendruck 90
9.7 Ionenarten bei Desorptions-Ionisations-Methoden 91
9.8 Zusammenfassung der Ionisationsmethoden................ 92

10 Massenanalysatoren...................................... 97
10.1 Übersicht über Massenanalysatoren 97
10.2 Flugzeit-Massenspektrometer 100
10.3 Quadrupol-Massenspektrometer 101

11 Tandem-Massenspektrometrie............................. 105
11.1 Konzept der Tandem-Massenspektrometrie................. 105
11.2 Reaktionszone und Anregung der Ionen 106
11.3 Tandem-MS im Einsatz 107

12 Chromatographie-Massenspektrometrie-Kopplung............. 113
12.1 Konzept der Chromatographie.......................... 113
12.2 Gaschromatographie 115
12.3 Flüssigchromatographie............................... 117
12.4 Detektoren für GC und LC 117
12.5 Gaschromatographie-Massenspektrometrie................. 118
12.6 Flüssigchromatographie-Massenspektrometrie.............. 121

13 Fazit 123

Literatur... 125

Sachverzeichnis.. 129

Einleitung

1

Die Analytik ist integraler Bestandteil chemischen Forschens. Moderne Analytik ist meist gleichbedeutend mit dem Einsatz hoch entwickelter spektroskopischer Verfahren und Trenntechniken. Ein Grundlagenwissen auf dem Gebiet der instrumentellen Analytik ist essenziell für eigenes wissenschaftliches Arbeiten, denn es reicht nicht aus, einfach einer Synthesevorschrift zu folgen oder eine Reaktion zu erproben. Vielmehr ist es unverzichtbar, das Ergebnis experimenteller Laborarbeit mit geeigneten Methoden zu überprüfen, um verlässliche Aussagen über die Produkte und den Verlauf einer Reaktion oder die Effizienz einer Trennung zu erhalten.

Spektroskopische Methoden sind ungeheuer vielfältig. Sie nutzen völlig unterschiedliche Phänomene und Prozesse, um der untersuchten Probe analytische Information abzugewinnen. Spektroskopie im engeren Sinn beobachtet die Wechselwirkung elektromagnetischer Strahlung mit Atomen oder Molekülen. Dabei reicht das Spektrum der eingesetzten Strahlung von Radiofrequenzwellen über das infrarote und sichtbare Licht über die ultraviolette Strahlung bis hin zum Röntgenbereich. Je nach Energie der Photonen werden erwartungsgemäß andere Wechselwirkungen mit der untersuchten Materie relevant.

Die Massenspektrometrie (MS) liefert die Masse von Atomen oder Molekülen. Sie ist im strengen Sinn keine Spektroskopie, denn eine Masse kann man nicht „spektroskopieren". Trotzdem erhält man Spektren, nämlich ein Abbild der in der Probe vertretenen Atom- oder Molekülmassen oder auch von Bruchstücken der untersuchten Moleküle. Massenspektrometrie ist eine hoch entwickelte Methode der instrumentellen Analytik mit Anwendungen auf quasi jedem Gebiet der Chemie, Biochemie und Life Sciences sowie der Geowissenschaften und der Physik. Dazu verfügt die MS für jeden Einzelschritt des massenspektrometrischen Experiments über eine enorme Bandbreite an Techniken. Diese Vielfalt ist einerseits

© Springer-Verlag GmbH Deutschland, ein Teil von Springer Nature 2019
J. H. Gross, *Massenspektrometrie,* https://doi.org/10.1007/978-3-662-58635-8_1

unmittelbare Folge zahlreicher analytischer Fragestellungen und andererseits des Repertoires an Massenanalysatoren.

Mit Massenspektrometrie lassen sich je nach Wahl der Methode und Instrumentierung Summenformeln ermitteln, oder zumindest absichern, und Strukturen von Molekülen aufklären. Im Kontext der MS behandeln wir die isotopische Zusammensetzung von Stoffen, erfahren etwas über Ionisationsprozesse und lernen essenzielle Fragmentierungsreaktionen kennen. Zusammen mit diesen Grundlagen gibt es einen Basiskurs zur Spektreninterpretation. Wir erhalten einen Überblick über gebräuchliche Ionisationsmethoden, die Vielfalt der Massenanalysatoren und das Konzept der Tandem-MS.

Außerdem kann Massenspektrometrie direkt mit chromatographischen Trenntechniken gekoppelt werden. Gaschromatographie-Kopplung (*gas chromatography,* GC) und Flüssigchromatographie-Kopplung (*liquid chromatography,* LC) ermöglichen die Analyse der Komponenten von (komplexen) Mischungen und Spurenanalytik. Daher wird dieses kompakte Buch mit den Grundlagen zu GC-MS und LC-MS abgerundet.

Prinzip der Massenspektrometrie

2

Die **Massenspektrometrie** (*mass spectrometry,* MS) erlaubt, wie der Name erwarten lässt, die Bestimmung der Masse von Atomen, Molekülen und allen anderen Teilchen, die sich daraus in Lösung oder in der Gasphase bilden. Das mithilfe der MS erzeugte **Massenspektrum** kann die Information von Masse und Häufigkeit für eine große Anzahl unterschiedlicher Teilchen wiedergeben, die im untersuchten Bereich auftreten. Somit kann ein Massenspektrum prinzipiell aus nur einem oder aus tausenden Signalen von gegebenenfalls extrem unterschiedlicher Intensität bestehen.

Die Massenspektrometrie ist über hundert Jahre jung [1, 2], und sie hat sich seither enorm entwickelt [3, 4]. Heute kann MS zur Analyse quasi jeder Art von Substanz, sei sie anorganischer oder organischer, biologischer oder synthetischer Natur, angewendet werden.

Was auch immer man mittels Massenspektrometrie analysieren möchte, muss für die eigentliche Massenbestimmung als elektrisch geladenes Teilchen, d. h. als Ion, vorliegen. Dafür spielt es keine Rolle, ob ein solches Ion positiv oder negativ geladen ist oder ob es eine oder mehrere Elementarladungen trägt. Gleich welchen Massenanalysator man auch verwendet – eine durch Stöße und sonstige Wechselwirkungen auftretende Störung der Ionenbewegung muss unterbunden werden. Das ist gegeben, wenn die Ionen in geringer Konzentration im Vakuum vorliegen; man spricht dann von **isolierten Ionen in der Gasphase.** Ist die Voraussetzung freier Beweglichkeit in der Gasphase erfüllt, so lassen sich zeitlich konstante oder variable elektrische oder magnetische Felder ebenso wie Kombinationen davon einsetzen, um eine Massenmessung über die massenabhängige Bewegung der Ionen in diesen Feldern zu realisieren.

© Springer-Verlag GmbH Deutschland, ein Teil von Springer Nature 2019
J. H. Gross, *Massenspektrometrie,* https://doi.org/10.1007/978-3-662-58635-8_2

Da man mit einem **Massenspektrometer** genau genommen nicht direkt die Masse, sondern vielmehr das **Masse-zu-Ladung-Verhältnis** *(m/z)* eines Ions bestimmt, werden die Signale auf der *m/z*-**Skala** dargestellt (Kap. 4). Die Intensität der Signale korreliert mit der Häufigkeit der zugehörigen Ionen.

Anwendungsgebiete

3

Massenspektrometrie findet Verwendung in der Chemie, der Biochemie und der Medizin. In der Chemie spielt sie bei der Substanzidentifizierung und Strukturaufklärung sowie Qualitätskontrolle eine wichtige Rolle. Massenspektrometrie, insbesondere **Tandem-Massenspektrometrie** (MS/MS) [5, 6] kann auch die Struktur von Biomakromolekülen aufklären, wie beispielsweise von Proteinen und Peptiden, Oligonucleotiden oder Oligosacchariden. Damit ist Tandem-MS eines der wichtigen analytischen Werkzeuge in den Life-Sciences [7, 8].

In der Physik und den Geowissenschaften nutzt man MS zur Messung von Isotopenverhältnissen bei der Analyse von Gasen und Gesteinen [9–11]. MS ermöglicht damit unter anderem Datierungen in der Archäologie [12] und der Geologie; beispielsweise können Alter und die geographische Herkunft von Fossilien, Gesteinen und anderen Materialien bestimmt werden. MS findet Verwendung in der Atmosphärenchemie, bei der Analyse von Erdöl oder Huminstoffen und sogar zur extraterrestrischen Analytik, d. h. zur Erkundung ferner Planeten.

MS wird in der klinischen wie der forensischen Analytik verwendet. Mit MS kann man feststellen, wie Medikamente oder auch Drogen und Dopingmittel im Organismus wirken, und MS kann benutzt werden, um deren Missbrauch zu untersuchen [13–15]. MS identifiziert und quantifiziert Komponenten in komplexen Mischungen. Mittels MS können die analytischen Informationen mit Pikogramm- bis Nanogramm-Mengen und von Substanzen, die in geringsten Konzentrationen in komplexen Mischungen vorliegen, gewonnen werden [16]. Massenspektrometrie ist daher unverzichtbar in der Umweltanalytik, der forensischen Analytik und der Dopingkontrolle.

© Springer-Verlag GmbH Deutschland, ein Teil von Springer Nature 2019
J. H. Gross, *Massenspektrometrie*, https://doi.org/10.1007/978-3-662-58635-8_3

Bildgebende MS-Verfahren liefern der Halbleiterindustrie Aufschluss über die Präzision ihrer Schaltkreise und dem Biologen oder Mediziner über Gewebeschnitte und Tumorausbreitung. Sicherheit im Luftverkehr profitiert von Sprengstoffdetektion an Kleidung und Gepäck.

MS ist also nicht nur in der modernen Chemie unverzichtbar. Es wird Zeit, sich dieser leistungsfähigen Analysenmethode detailliert zur widmen.

Konzept der MS

<big>**4**</big>

Am Beispiel des Massenspektrums von Fluormethan lässt sich das Konzept der MS gut verstehen (Abb. 4.1). Das Fluormethan-Molekül hat die Summenformel CH_3F. Ein Blick ins Periodensystem der Elemente (PSE) liefert uns für die Atommassen $m_H = 1$ u, $m_C = 12$ u und $m_F = 19$ u. Damit erwarten wir eine Molekülmasse von $3 \cdot 1$ u $+ 12$ u $+ 19$ u $- 34$ u. Das Massenspektrum zeigt bei m/z 34 ein intensives Signal, sogar das intensivste im gesamten Spektrum. Wir dürfen ziemlich sicher sein, dass der Peak dem Ion des intakten Moleküls, dem sogenannten **Molekül-Ion** zuzuordnen ist. Man nennt dieses Signal daher **Molekül-Ion-Peak** oder kurz **Molpeak**. In diesem besonderen Fall ist der Molpeak das intensivste Signal im Spektrum, welches **Basispeak** heißt. Als Nächstes fallen die Peaks bei m/z 33, m/z 32 und m/z 31 auf. Verlust eines H-Atoms aus dem Molekül-Ion, $M^{+\bullet}$, führt zum Ion, das den Peak bei m/z 33 verursacht, Verlust eines H_2-Moleküls zum Ion mit dem Peak bei m/z 32 und nochmals ein H-Atom zum Peak bei m/z 31. Ganz einfach also. Allein der Wasserstoff ermöglicht Verluste von nur 1 u oder 2 u. Die Masse der **Neutralverluste** erhalten wir aus den Abständen der Signale, also aus $\Delta m/z$. Das Massenspektrum zeigt nur Ionen, die aus den Analytmolekülen gebildet werden; Neutralverluste lassen sich nur indirekt aus der Massendifferenz, $\Delta m/z$, zwischen den Peaks ermitteln. Dass ein H-Atom oder ein H_2-Molekül eliminiert werden, haben wir gerade intuitiv aus der Differenz abgelesen. Die Ionen, die Bruchstücken eines Moleküls entsprechen, heißen **Fragment-Ionen**. Offenbar fragmentieren Molekül-Ionen unter den gewählten Bedingungen.

Eine genauere Analyse des Spektrums zeigt uns noch Peaks bei m/z 12, 13, 14, 15, die wie die Orgelpfeifen aufgereiht stehen. Schon mit unserer einfachen Interpretationstechnik können wir diesen Peaks Ionen der Zusammensetzungen von $C^{+\bullet}$, CH^+, $CH_2^{+\bullet}$ und CH_3^+ zuweisen. Solche Fragment-Ionen sind mit der Struktur von Fluormethan gut zu vereinbaren.

© Springer-Verlag GmbH Deutschland, ein Teil von Springer Nature 2019
J. H. Gross, *Massenspektrometrie*, https://doi.org/10.1007/978-3-662-58635-8_4

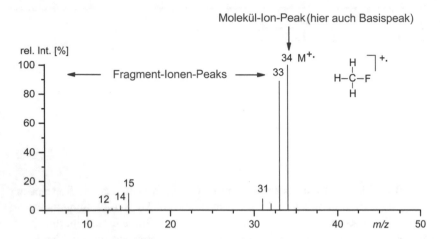

Abb. 4.1 70-eV-EI-Massenspektrum von Fluormethan. Mit freundlicher Erlaubnis von NIST. © NIST 2014

4.1 Wichtige Begriffe

Das Massenspektrum von Fluormethan haben wir bereits chemisch mit Sinn erfüllt. Zur korrekten Beschreibung von Spektren definieren wir nun einige Begriffe [17–19]. Das Massenspektrum stellt die Intensität von Signalen, meist Peaks genannt, gegen das **Masse-zu-Ladung-Verhältnis,** *m/z,* dar. Der Wert *m/z* ist als dimensionslos definiert, und *m/z* ist keine Einheit. Am besten versteht man *m/z* als den Quotienten aus Massenzahl und Ladungszahl. Es werden die Position der Peaks, *m/z,* auf der Abszisse (x-Achse) und deren Intensität auf der Ordinate (y-Achse) abgetragen. Weil das Verhältnis der Intensitäten über einen weiten Bereich von der Konzentration der Probe in der Ionenquelle unabhängig ist, kann man Spektren besser vergleichen, wenn man **relative Intensitäten** anführt. Man normiert daher den intensivsten Peak auf 100 % relative Intensität (rel. Int. [%]) und nennt ihn **Basispeak.** Die Position eines Peak wird als „bei *m/z* x" angegeben, der Abstand zwischen Peaks als „$\Delta m/z = x$" entsprechend einer Masse von x u.

Man kann *m/z*-Werte und relative Intensitäten in Form von Listen präziser angeben und besser für die Datenverarbeitung nutzen. Außerdem kann man die originale Signalform auf einen Strich reduzieren (wie oben) oder sie explizit darstellen. Die Darstellungsweise oben nennt man **Strichspektrum** oder Histogramm, die mit Signalform heißt **Profilspektrum.** Profilspektren zeigen, ob die

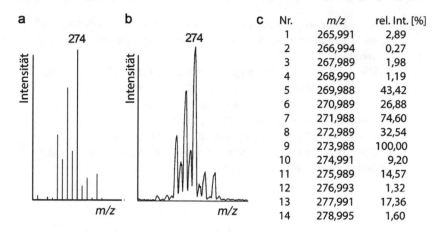

		c	Nr.	m/z	rel. Int. [%]
			1	265,991	2,89
			2	266,994	0,27
			3	267,989	1,98
			4	268,990	1,19
			5	269,988	43,42
			6	270,989	26,88
			7	271,988	74,60
			8	272,989	32,54
			9	273,988	100,00
			10	274,991	9,20
			11	275,989	14,57
			12	276,993	1,32
			13	277,991	17,36
			14	278,995	1,60

Abb. 4.2 Darstellungsweisen für massenspektrometrische Daten. **a** Strichspektrum, **b** Profilspektrum und **c** Liste. Hier ist nur ein partielles Spektrum gezeigt, das zu einem Ion der Zusammensetzung $[C_8H_{12}NO_2Sn]^-$ gehört

Signalform stimmt, ob benachbarte Signale vollständig getrennt wurden und geben deutlicher Aufschluss über qualitative Aspekte wie Untergrundsignale oder Rauschen im Spektrum (Abb. 4.2).

▶ **Terminologie**
- Das Akronym MS steht für Massenspektrometrie als Methode – für sonst nichts.
- Ein Massenspektrum stellt die Intensität von Signalen gegen das Masse-zu-Ladung-Verhältnis, m/z, dar.
- Die Position eines Signals (Peaks) wird als „bei m/z x" angegeben; der Abstand zwischen Peaks als „Δm/z=x" entsprechend einer Masse von x u.
- Ionen haben eine Häufigkeit. Signale haben eine Intensität.
- Ionen haben eine Masse. Signale treten bei m/z x auf.
- Ionen sind Teilchen und können daher reagieren oder fragmentieren. Signale (Peaks) können das nicht, denn sie stellen nur eine graphische Repräsentation dar.
- Man gibt den m/z-Wert in der Notation m/z x an; niemals x m/z (m/z ist ja keine Einheit).

- Neutralteilchen haben natürlich auch eine Masse, doch sind sie im Spektrum nur aus dem Abstand zwischen Signalen, $\Delta m/z$, zu erkennen.
- Die Abszisse eines Massenspektrums zeigt die Größe m/z; nichts anderes. Beschriftungen mit „u", „amu" oder „Masse" sind falsch.
- Meist werden relative Intensitäten verwendet und auf den intensivsten Peak als „rel. Int. 100 %" normiert.
- Der Peak mit 100 % relativer Intensität heißt Basispeak.
- Der Peak, der das intakte Molekül-Ion repräsentiert, heißt Molekül-Ion-Peak oder Molpeak.

Atome, Isotope und Masse

5

5.1 Atome und deren Isotope

Im Prinzip können alle Atome in Form verschiedener **Isotope** auftreten. Als Isotope bezeichnet man Atome mit gleicher Ordnungszahl Z, aber unterschiedlicher Massenzahl A. Die Ordnungszahl ist bestimmt durch die Anzahl der Protonen im Atomkern, welche beim neutralen Atom der Anzahl der Elektronen in der Hülle entspricht (positive und negative Ladungen gleichen sich dann aus). Die Massenzahl A ergibt sich als Summe aus Ordnungszahl Z und Anzahl der Neutronen N; Letztere variiert zwischen den Isotopen eines Elements. Isotope eines Elements haben also gleiche chemische Eigenschaften, aber unterschiedliche Atommassen, da sie eine unterschiedliche Anzahl von Neutronen besitzen (Abb. 5.1).

$$A = Z + N \tag{5.1}$$

5.2 Atommasseneinheit

Die **Atommasseneinheit** (*unified atomic mass*) hat das Einheitensymbol u. Die Einheit ist abgeleitet aus der Definition der Stoffmenge und der Masse des Kohlenstoffisotops ^{12}C. Man definiert $1\,mol = 6{,}022141 \cdot 10^{23}$ Teilchen (Avogadro-Zahl) und $12{,}000000\,g$ Kohlenstoff als 1 mol, wenn es sich um reines Isotop ^{12}C handelt. Die Atommasseneinheit ist $^1/_{12}$ der Masse eines Atoms des Nuklids ^{12}C. Sie errechnet sich demnach wie folgt:

$$1u = \frac{1}{12} \cdot \frac{12{,}000000\,g}{6{,}022141 \cdot 10^{23}} = 1{,}660539 \cdot 10^{-24}\,g \tag{5.2}$$

© Springer-Verlag GmbH Deutschland, ein Teil von Springer Nature 2019
J. H. Gross, *Massenspektrometrie*, https://doi.org/10.1007/978-3-662-58635-8_5

$$^{12}_{6}\text{C} \qquad ^{35}_{17}\text{Cl} \qquad ^{37}_{17}\text{Cl}$$

Abb. 5.1 Drei Atomarten (*von links*): Kohlenstoff, speziell das Isotop ^{12}C, dargestellt mit seinem Elementsymbol C, tiefgestellter Ordnungszahl 6 und hochgestellter Massenzahl 12, Chlorisotop ^{35}Cl und Chlorisotop ^{37}Cl. Beide Chlorisotope kommen natürlich vor und unterscheiden sich nur durch ihre Massendifferenz von 2 u

Das praktische an der Atommasseneinheit ist ihre (zumindest näherungsweise) zahlenmäßige Gleichheit mit der Massenzahl A. Ein Atom von ^{1}H hat also eine Masse von 1 u, eines von ^{12}C eine Masse von 12 u. Wenn man diese einfache Methode zur Angabe von Atom- oder Molekülmassen anwendet und von jeder Elementspezies das häufigste Isotop einsetzt, spricht man beim Ergebnis von der **nominellen Masse**. Die nominelle Masse ist immer ganzzahlig. Wir haben sie vom Beispiel mit Fluormethan schon benutzt, ohne uns explizit über die Definition Gedanken zu machen. Die Massenskala werden wir später noch weiter präzisieren.

▶ **Atommasseneinheit** Die Atommasseneinheit (*unified atomic mass*) hat das Einheitensymbol u.
Die Atommasseneinheit ist $^{1}/_{12}$ der Masse eines Atoms des Nuklids ^{12}C.
$1\ u = 1{,}660539 \cdot 10^{-24}\ g = 1{,}660539 \cdot 10^{-27}\ kg$
Man findet in der Literatur auch die Einheit **Dalton** (Da), die lediglich eine nicht im Einklang mit den IUPAC-Regeln stehende Umbenennung darstellt. Der Zahlenwert in Da ist gleich dem in u.

Warum *m/z*?

Das dimensionslos als Quotient aus Massenzahl und Ladungszahl definierte Masse-zu-Ladung-Verhältnis, *m/z*, ist etwas gewöhnungsbedürftig. Auch ist das *m/z* der MS keine Einheit im strengen Sinn. Trotzdem ist es ungeheuer praktisch. Gäbe man beispielsweise für ein Glucose-Molekül $C_6H_{12}O_6$, Masse $2{,}988970 \cdot 10^{-25}$ kg, physikalisch korrekt das Verhältnis von Masse zu Elementarladung ($1{,}602176 \cdot 10^{-19}$ C) an, so wäre das Signal im Spektrum als $M/e = 2{,}988970 \cdot 10^{-25}\ kg/(1{,}602176 \cdot 10^{-19}\ C) = 1{,}865569 \cdot 10^{-6}\ kg\ C^{-1}$ anzugeben. Da ist *m/z* 180 doch viel praktischer als so ein Ziffernmonster. Um das dimensionslose Konstrukt *m/z* zu ersetzen, verwenden manche Autoren die Einheit **Thomson** (Th, Symbol im Konflikt mit dem Element Thorium, Th), die aber nicht im Einklang mit den IUPAC-Regeln steht. Der Zahlenwert in Th ist gleich dem *m/z*-Wert.

Atommasseneinheit im Wandel
Die Atommasseneinheit [u] basiert auf der Masse von ^{12}C. Bis 1961 verwendete man eine auf Sauerstoff bezogene Masseneinheit (*atomic mass unit*, [amu]). Allerdings bezogen sich die Physiker auf reines ^{16}O, während die Chemiker das natürliche Isotopengemisch von Sauerstoff (^{16}O, ^{17}O, ^{18}O) als Basis verwendeten. Das führte zu Inkompatibilität zwischen den Disziplinen. Man muss daher beachten, dass Atommassentabellen in Werken aus den 1960er-Jahren noch das sauerstoffbasierte System verwenden und nicht mit den gültigen Werten kompatibel sind. Leider findet man selbst heute noch ab und an die gedankenlose Verwendung von amu, typischerweise als äquivalent zu u, was eindeutig falsch ist, denn 1 amu $\neq$ 1 u. Immer auf dem neuesten Stand sind die Atommassen beim National Institute of Standards and Technology, NIST (http://www.nndc.bnl.gov/masses/). Änderungen hinter der sechsten Nachkommastelle sind allerdings im analytischen Alltag irrelevant.

5.3 Klassifizierung von Elementen

Aus rein praktischen Gründen ist es im Kontext der Massenspektrometrie sinnvoll, die Elemente nach ihrer isotopischen Zusammensetzung in Gruppen einzuteilen, auch wenn das keineswegs eine offizielle Klassifizierung ist. Diese Gruppierung wird uns bei der Spektreninterpretation hilfreich sein. Dabei müssen wir zur Einordnung nicht allzu penibel vorgehen.

Monoisotopische Elemente Es gibt 83 natürlich vorkommende stabile Elemente, von denen 20 mit nur einem (stabilen) Isotop auftreten, d. h., alle ihre Atome haben gleiches A. Wir nennen sie **monoisotopische Elemente**. Zu den monoisotopischen Elementen gehören Fluor (^{19}F), Natrium (^{23}Na), Phosphor (^{31}P) und Iod (^{127}I), aber auch Arsen (^{75}As), Caesium (^{133}Cs) oder Gold (^{197}Au). Monoisotopische Elemente werden wir als X-Elemente bezeichnen. Bei Wasserstoff (^1H) ist Deuterium ($^2H \equiv D$) mit 0,0115 % so gering vertreten, dass man Wasserstoff in der Praxis als X-Element behandeln kann, solange nicht hunderte H-Atome in einem Molekül auftreten.

Diisotopische Elemente Einige Elemente kommen in Form von exakt zwei Isotopen vor. Wir bezeichnen sie als **diisotopische Elemente.** Unter den diisotopischen Elementen gibt es welche, deren Begleitisotop um 1 u schwerer als das häufigste Isotop ist, und andere, bei denen der Unterschied 2 u ausmacht. Die erste Gruppe nennen wir X+1-Elemente, die zweite X+2-Elemente. Außerdem gibt es noch Elemente, deren Begleitisotop 1 u leichter als das häufigste ist; wir führen sie demzufolge als X−1-Elemente.

Bekannte Vertreter der X+1-Elemente sind Kohlenstoff (^{12}C, ^{13}C) und Stickstoff (^{14}N, ^{15}N). Unter den X+2-Elementen sind sicherlich Chlor (^{35}Cl, ^{37}Cl) und Brom (^{79}Br, ^{81}Br) die bekanntesten, doch auch Kupfer (^{63}Cu, ^{65}Cu) und Silber (^{107}Ag, ^{109}Ag) gehören dazu. Andere Elemente wie Sauerstoff, Schwefel und Silicium kann man oft einfach wie X+2-Elemente behandeln, obwohl ihre isotopische Zusammensetzung etwas komplexer ist. Wenn nur wenige Sauerstoffatome in einem Molekül vorkommen, darf man sogar den Sauerstoff noch als X-Element behandeln, da ^{17}O und ^{18}O nur sehr geringe Häufigkeiten haben. Die X−1-Elemente werden durch Lithium (^{6}Li, ^{7}Li) oder Bor (^{10}B, ^{11}B) vertreten.

Polyisotopische Elemente Ab drei hören wir mit dem Zählen auf. Daher ist die Mehrheit der Elemente polyisotopisch, hat also drei oder mehr Isotope. **Polyisotopische Elemente** können recht umfangreiche Isotopenverteilungen haben. Ein Beispiel dafür zeigte uns schon das partielle Spektrum, das den Bereich um ein Ion der Zusammensetzung $[C_8H_{12}NO_2Sn]^-$ wiedergibt (Abb. 4.2).

5.4   Isotopenhäufigkeiten

Isotopenhäufigkeiten kann man entweder so angeben, dass die Summe aller Isotope zu 100 % gesetzt wird, oder so, dass das häufigste Isotop als 100 % angesehen wird. Grundsätzlich macht natürlich die Summe aller isotopischen Bestandteile 100 % der Atome eines Elements aus, doch in der Massenspektrometrie ist die 100 %-Normierung auf das häufigste Isotop meist handlicher (Tab. 5.1). Noch schneller zu erfassen sind Histogramme, weil sie direkt mit Signalgruppen in Massenspektren zu vergleichen sind.

5.5   Isotopenmuster

Der visuelle Abgleich von Isotopenverteilungen oder **Isotopenmustern** spielt eine wichtige Rolle bei der Interpretation von Massenspektren. Grundlage dafür ist, dass in der MS die Isotope getrennt werden, da sie unterschiedliche Massen haben. Das ist anders als bei der Durchführung von Reaktionen im präparativen Labor, da dort quasi ausschließlich mit dem natürlichen Isotopengemisch gearbeitet wird. Ausnahmen davon gibt es nur, wenn Isotopenmarkierung oder Anreicherung gezielt eingesetzt werden, und dann geht es oftmals darum, eben diese Markierung massenspektrometrisch zu detektieren. In der MS führt die Trennung der natürlichen Isotopengemische zu zwei oder mehr Peaks für einen

Tab. 5.1 Isotopenverteilung einiger Elemente, normiert auf das häufigste Isotop

Element	X		X+1		X+2	
	Masse [u]	%	Masse [u]	%	Masse [u]	%
H	1	100	2	0,015	–	–
B	10	24,8	11	100	–	–
C	12	100	13	1,1	–	–
N	14	100	15	0,37	–	–
O	16	100	17	0,04	18	0,20
F	19	100	–	–	–	–
Si	28	100	29	5,1	30	3,3
P	31	100	–	–	–	–
S	32	100	33	0,8	34	4,5
Cl	35	100	–	–	37	32,0
Br	79	100	–	–	81	97,3
I	127	100	–	–	–	–

chemisch reinen Stoff, d. h., man erhält Isotopenmuster in den Spektren. Eine Darstellung der Isotopenverteilung als Histogramm zeigt uns solche Isotopenmuster sehr deutlich (Abb. 5.2).

Isotopenmuster von Chloressigsäure

Chloressigsäure, $ClCH_2COOH$, hat eine relative Molmasse von 94,5 g mol^{-1}, ein Molekül davon also im Durchschnitt 94,5 u. Doch es gibt kein reales Molekül von 94,5 u und deshalb auch keinen Peak bei m/z 94,5 im Massenspektrum. Dort werden Signale für Moleküle mit nur ^{35}Cl neben denen für ^{37}Cl im Molekül auftreten, unter Vernachlässigung des geringen Beitrags von ^{13}C also für M$^{+\bullet}$ bei m/z 94 und bei m/z 96 im Intensitätsverhältnis 3:1 (Abb. 5.2). Der Mittelwert errechnet sich zu $(94 \text{ u} \cdot 3 + 96 \text{ u} \cdot 1)/4 = 94,5$ u. Beim gleichen Ergebnis landet man unter Verwendung der relativen Atommassen der beteiligten Elemente, denn diese sind nichts anderes als die Mittelwerte der nach Häufigkeit gewichteten Isotopenmassen.

Fragen

Können Sie diese Überlegungen am Beispiel von CH_3Br einmal selbst nachvollziehen?

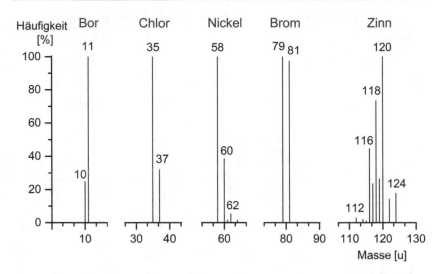

Abb. 5.2 Isotopenverteilungen in Histogrammen. Man erkennt die charakteristischen Isotopenmuster der Elemente Bor, Chlor, Nickel, Brom oder auch Zinn auf diese Weise ganz einfach

5.6   Berechnung von Isotopenmustern

Isotopenmuster lassen sich mit statistischen Methoden berechnen, da sie auf den jeweiligen Wahrscheinlichkeiten aller denkbarer Isotopenkombinationen in einem Ion beruhen. Details zu den Rechnungen würden den engen Rahmen dieses Kapitels sprengen. Doch ein paar praxisnahe Überlegungen und Regeln können schon ein grundsätzliches Verständnis der Thematik ermöglichen.

Kohlenstoff-Isotopenmuster
Bei einem Kohlenwasserstoff wie Decan, $C_{10}H_{22}$, muss man de facto nur das Isotopenmuster des Kohlenstoffs betrachten. Wir haben es also mit ^{12}C (98,9 %) und ^{13}C (1,1 %) zu tun. Offensichtlich wird das intensivste Signal im Isotopenmuster des Molekül-Ions von $^{12}C_{10}H_{22}^{+\bullet}$ stammen. Von den 10 C-Atomen hat aber jedes eine Wahrscheinlichkeit von 1,1 % ein ^{13}C zu sein, und deshalb ist die Wahrscheinlichkeit, dass irgendeines dieser Atome im Molekül ^{13}C ist, $10 \cdot 1,1\,\% = 11\,\%$. Normiert man den Peak für $^{12}C_{10}H_{22}^{+\bullet}$ auf 100 %, so hat der M+1-Peak für $^{12}C_9{}^{13}CH_{22}^{+\bullet}$ damit eine Intensität von 11 % relativ zu dem Peak für M, d. h. $^{12}C_{10}H_{22}^{+\bullet}$.

Die exakte Konzentration von ^{13}C hängt vom Ursprung der Substanz ab. Der natürliche Wert schwankt von 1,06 % in petrochemischen Produkten über pflanzliche Kohlenhydrate mit 1,08–1,11 % zu Carbonatgestein mit ca. 1,12 %. Atmosphärisches CO_2 hat 1,09–1,11 %. Der Mittelwert von 1,1 % ist ein praxiserprobter Kompromiss.

▶ **Intensität des M+1-Peaks für Kohlenstoff** Die relative Intensität des M+1-Peaks, Int_{M+1}, schätzt man bei C-Isotopie für C_n ganz einfach ab als $Int_{M+1} = n \cdot 1{,}1$ %. Meist will man aber die Anzahl der C-Atome im Molekül n_C aus der Intensität des M+1-Peaks abschätzen. Diese ergibt sich aus:

$$n_C = 100 \cdot (Int_{M+1}/Int_M)/1{,}1, \text{ z. B. } 100 \cdot (9{,}9\,\%/76\,\%)/1{,}1 = 11{,}84 \approx 12.$$

Halogen-Isotopenmuster Von den Halogenen sind F und I monoisotopisch. Dafür treten bei Cl und Br je zwei Isotope mit sehr markanter Verteilung und $\Delta m/z = 2$ auf. Betrachten wir nun Brom, das aus ^{79}Br (50,7 %) und ^{81}Br (49,3 %) besteht; näherungsweise kommen die Isotope also 1:1 vor. Bei C_2H_5Br wird es demnach zwei gleich intensive Peaks für $C_2H_5{}^{79}Br^{+\bullet}$, m/z 108, und für $C_2H_5{}^{81}Br^{+\bullet}$, m/z 110, geben. Bei mehreren Br-Atomen im Molekül erhöht sich die Zahl der Kombinationen, z. B. für Br_3 sind $^{79}Br_3$, $^{79}Br_2{}^{81}Br$, $^{79}Br{}^{81}Br_2$ und $^{81}Br_3$ möglich. Deren relative Intensitäten ergeben sich aus den Wahrscheinlichkeiten der Kombinationen als 1:3:3:1.

Für diisotopische Elemente kann die Isotopenverteilung mithilfe der binomischen Formeln leicht berechnet werden. Dazu setzt man a und b als relative Häufigkeiten der beiden Isotope und n als Anzahl der Atome des betrachteten Elements im Molekül in die Formel $(a+b)^n$. Bestimmt durch den Exponenten hat die ausmultiplizierte Formel so viele Terme, wie es Peaks im Muster geben wird, d. h., für $n = 2$ wird es drei Peaks geben $(a^2 + 2ab + b^2)$. Ob man a und b in Prozent oder als Dezimalbruch einsetzt, ist unerheblich; man muss nur das Ergebnis der Rechnung so normieren, dass die größte Zahl davon zu 100 % gesetzt ist.

Generell erhält man für n Atome eines diisotopischen Elementes $n+1$ Signale, da alle Kombinationen der Reihe $n \cdot X_a$, $n-1 \cdot X_a + X_b$, …, $n \cdot X_b$ möglich sind. So erhielten wir beispielsweise oben zwei Peaks für das Br_1-Muster und vier Peaks für das Br_3-Muster. Beim Kohlenstoff sind die höheren Vertreter dieser Serie aber wegen ihrer verschwindend geringen Wahrscheinlichkeit nicht mehr zu erkennen.

Fragen
Sie sollten nun einmal selbst versuchen, das Isotopenmuster für Br_3 zu berechnen.

Visueller Abgleich In der Praxis errechnet man nicht jedes Mal erneut die Isotopenmuster, sondern vergleicht die experimentellen Muster mit den für häufige Kombinationen berechneten. Das gelingt erstaunlich einfach visuell. Daher sind hier einige repräsentative Kohlenstoff-Isotopenmuster (Abb. 5.3) und die häufiger Halogenkombinationen (Abb. 5.4) zusammengestellt.

Schwefel und Silicium Schwefel und Silicium verursachen kleine aber dennoch deutliche Isotopenpeaks, die einen Rückschluss auf das Vorhandensein dieser Elemente ermöglichen. Dennoch ist Vorsicht geboten, da man die Muster von Si und S durch Überlagerungen mit dem ^{13}C-Muster oder anderen Mustern leicht übersehen kann (Abb. 5.5).

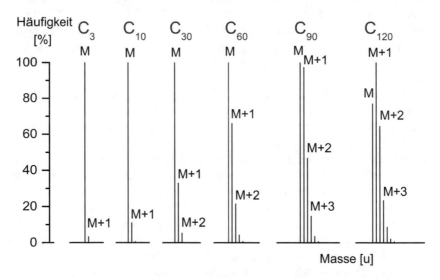

Abb. 5.3 Einige Isotopenmuster für Kohlenstoff. Die Peaks haben $\Delta m/z = 1$. Beachten Sie, dass bei höherer Anzahl von C-Atomen nacheinander M+2, M+3, … hervortreten. Jenseits ca. C_{90} wird der M+1-Peak zum intensivsten Signal, da es ab C_{90} wahrscheinlicher ist, genau einmal ^{13}C im Molekül zu haben als ausschließlich ^{12}C

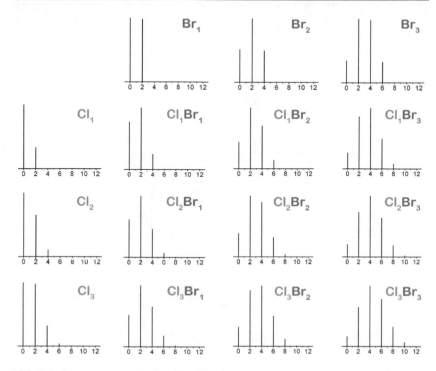

Abb. 5.4 Isotopenmuster häufiger Kombinationen von Chlor und Brom. Die Peaks haben $\Delta m/z = 2$, d. h., Cl und Br zeigen die Isotopenpeaks bei M, M+2, M+4, M+6 etc. Stimmt eigentlich Ihr selbst berechnetes Br_3-Muster mit dem hier gezeigten überein?

▶ **Masse muss zu Muster passen** Der m/z-Wert, bei dem ein Signal im Spektrum erscheint, muss mindestens der Summe der Massen aller zum Isotopenmuster beitragenden Atome entsprechen. Beispielsweise kann ein Cl_2-Muster nicht unter m/z 70 oder ein C_5S_2-Muster nicht unter m/z 124 liegen. Andernfalls kann es sich auch nicht um ein Isotopenmuster handeln, sondern die Intensitäten und Abstände haben nur zufällig Ähnlichkeit mit einem Muster.

Muster bei der Kombination von Elementen In realen Molekülen sind gewöhnlich mehrere Elemente vertreten, was zur Folge hat, dass sich die Isotopenmuster der beteiligten Elemente überlagern. Zu dem Peak für M tragen nur die Ionen bei, die von jedem der Elemente das häufigste Isotop enthalten, also nur ^{12}C, ^{1}H, ^{14}N,

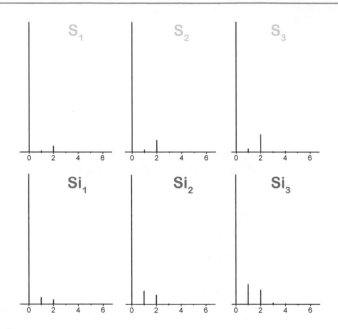

Abb. 5.5 Isotopenmuster von Schwefel und Silicium

^{16}O, ^{28}Si, ^{32}S, ^{35}Cl, ^{79}Br oder was auch immer sonst noch an Elementen enthalten sein mag. Man spricht hier vom **monoisotopischen Ion**. Zum M+1-Peak steuern alle Ionen bei, die genau ein um 1 u schwereres Isotop eines der beteiligten Elemente enthalten, d. h. einmal ^{13}C oder einmal ^{29}Si oder einmal ^{33}S usw. Die Häufigkeiten der jeweiligen Beiträge zum M+1-Peak addieren sich daher. Analog findet man im M+2-Ion Beiträge von ^{18}O, ^{30}Si, ^{34}S, ^{37}Cl oder ^{81}Br und auch diese addieren sich je nach ihren Anteilen. In der Praxis findet man also zusammengesetzte Isotopenmuster, deren Komponenten zu erkennen man üben muss.

▶ **Isotopologe und Isotopomere** Die Spezies gleicher nomineller Masse, aber unterschiedlicher isotopischer Zusammensetzung, werden **Isotopologe** genannt. Die Ionen bei M, M+1 und M+2 sind demnach isotopologe Ionen.

   Isotopomere sind Positionsisomere einer definierten isotopischen Zusammensetzung. So kann das eine ^{13}C-Atom in einem Molekül [^{13}C] Toluol, $^{12}C_6{}^{13}CH_8$, in der Methylgruppe oder in den Positionen 1, 2, 3 oder 4 des Ringes sitzen; das ^{13}C-Ion hat daher fünf Isotopomere.

Isotopenmuster von C_6H_5SCl

Um das Isotopenmuster von C_6H_5SCl zu konstruieren, bestimmen wir die Beiträge der Isotopologen zu den Peaks bei M, M+1, M+2 und M+3. Wasserstoff betrachten wir einfach als monoisotopisch. Für M kommt nur $^{12}C_6H_5{}^{32}S^{35}Cl$ infrage (Abb. 5.6). Damit erhalten wir für das M+1-Ion Beiträge von $^{12}C_5{}^{13}CH_5{}^{32}S^{35}Cl$ ($6 \cdot 1{,}1\;\% = 6{,}6\;\%$) und von $^{12}C_6H_5{}^{33}S^{35}Cl$ (0,8 %), die insgesamt 7,4 % der relativen Intensität von M ergeben. Für das M+2-Ion spielen $^{12}C_6H_5{}^{34}S^{35}Cl$ (4,5 %) und $^{12}C_6H_5{}^{32}S^{37}Cl$ (32 %) eine Rolle, was sich zu 36,5 % summiert. Der Beitrag von $^{12}C_4{}^{13}C_2H_5{}^{32}S^{35}Cl$ (<0,2 %) ist vernachlässigbar. Für M+3 erhalten wir noch einen Beitrag durch $^{12}C_5{}^{13}CH_5{}^{34}S^{35}Cl$ (6,6 % von M+2) und $^{12}C_6H_5{}^{33}S^{37}Cl$ (0,8 % von M+2), also 7,4 % von 36,5 %, sprich 2,7 % der Intensität von M.

Damit haben wir das Allerwichtigste über Isotopenmuster gelernt. Wir werden allerdings später noch eine verfeinerte Betrachtung vornehmen.

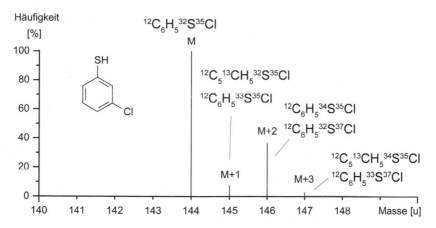

Abb. 5.6 Isotopenverteilung für C_6H_5SCl. (Hinweis: Da es sich hier nicht um massenspektrometrische Daten, sondern nur um eine berechnete Isotopenverteilung handelt, ist die Abszisse in der Einheit [u] korrekt)

Ionisation

6

Neutrale Teilchen bewegen sich im isolierten Zustand in der Gasphase ganz zufällig in alle Raumrichtungen. Um eine kontrollierte und gerichtete Bewegung zu erzielen, muss ein Atom oder Molekül mit einem „Handgriff" versehen werden. Das lässt sich durch Einführen einer elektrischen Ladung realisieren, also durch **Ionisation.** Denn sobald aus dem Neutralteilchen ein Ion geworden ist, kann es durch elektrische oder magnetische Felder gezielt beschleunigt oder abgelenkt und damit auch selektiert oder auf einen Punkt fokussiert werden. (Mehr dazu besprechen wir bei den Massenanalysatoren in Kap. 10).

Wiegen? Fehlanzeige!

Wenn wir die Umrechnung der Atommasse in Gramm oder Kilogramm vornehmen, erhalten wir für ein ^{12}C-Atom $12 \, u = 12 \cdot 1{,}660539 \cdot 10^{-24} \, g = 1{,}998468 \cdot 10^{-23} \, g$ oder $1{,}998468 \cdot 10^{-26} \, kg$. Entsprechend errechnen wir für ein Molekül Glucose, $C_6H_{12}O_6$, eine Masse von $180 \, u = 180 \cdot 1{,}660539 \cdot 10^{-24} \, g = 2{,}988970 \cdot 10^{-22} \, g$ oder $2{,}988970 \cdot 10^{-25} \, kg$. Selbst spezielle Waagen erreichen allenfalls den Mikrogrammbereich, also $10^{-6} \, g$, und sind damit um einen Faktor von rund 10^{16} von den Massen kleinerer Moleküle entfernt. Mit Wiegen ist es definitiv aus!

Die Ionisation ist also die Voraussetzung für eine Massenmessung an Atomen und Molekülen. Gleich welches Verfahren man zur Ionisation wählt, wird die Ladung immer in ganzzahligen Vielfachen der Elementarladung auftreten. Prinzipiell kann man eine Ladung einführen, indem man Elektronen, Protonen oder andere Ionen vom Molekül abstrahiert oder solche Ladungsträger an es addiert. Entsprechend könnte das Ion eines Moleküls M durch Abstraktion eines Elektrons

© Springer-Verlag GmbH Deutschland, ein Teil von Springer Nature 2019
J. H. Gross, *Massenspektrometrie*, https://doi.org/10.1007/978-3-662-58635-8_6

als $M^{+\bullet}$ oder durch Anlagerung eines Elektrons als $M^{-\bullet}$ auftreten. Protonierung führte zu $[M+H]^+$ und Deprotonierung zu $[M-H]^{-\bullet}$ Addition von NH_4^+ lieferte $[M+NH_4]^+$ und Addition von Cl^- ergäbe $[M+Cl]^{-\bullet}$ Es gibt in der MS offenbar viele gangbare Wege der Ionisation. Und daher brauchen wir nun einen Einstieg in die Gasphasen-Ionenchemie [20].

6.1   Elektronenstoßionisation

Eine klassische und immer noch verbreitet verwendete Ionisationsmethode ist die **Elektronenstoßionisation** (*electron ionization,* EI). Unter EI-Bedingungen werden die zu untersuchenden Moleküle isoliert in der Gasphase bei 10^{-5}–10^{-6} mbar mit Elektronen hoher kinetischer Energie (meist 70 eV) beschossen. Dabei werden aus dem Molekül ein oder seltener zwei Elektronen herausgeschlagen. Aus dem Molekül M wird so das Molekül-Ion, $M^{+\bullet}$, ein positives **Radikal-Ion.** Ein Ion mit ungerader Elektronenzahl wird auch als *open-shell*-Ion oder *odd-electron*-Ion (oe) bezeichnet. Der EI-Prozess verläuft wie folgt:

$$M + e^- \rightarrow M^{+\bullet} + 2e^- \tag{6.1}$$

Im Falle der Bildung zweifach geladener Ionen ist die Gleichung:

$$M + e^- \rightarrow M^{2+} + 3e^- \tag{6.2}$$

Das zweifach geladene Ion M^{2+} ist ein nicht radikalisches Ion (*closed-shell*-Ion oder *even-electron*-Ion).

In der Praxis wird der Elektronenstrahl quer durch einen Molekularstrahl der zu ionisierenden Spezies geführt. Den (wenig gerichteten) Molekularstrahl erhält man einfach durch das kontrollierte Einlassen geringer Mengen des gasförmigen Analyten in das Hochvakuum der Ionenquelle.

Bei der Wechselwirkung des energetischen Elektrons mit der Elektronenhülle des Moleküls wird so viel Energie übertragen, dass das Molekül als Relaxationsprozess mit der spontanen Emission eines Elektrons darauf reagiert. Aus M wird so $M^{+\bullet}$. Das Ion hat nun ein Elektron weniger als das neutrale Vorläufermolekül. Hatte es zuvor nur gepaarte Elektronen, ist jetzt ein Elektron ungepaart und das Molekül-Ion ist daher ein Radikal-Kation.

▶ **Molekül-Ion** Das Molekül-Ion, $M^{+\bullet}$, unterscheidet sich nur um ein Elektron (weniger) vom neutralen Molekül, M. Die Summenformel bleibt vom EI-Prozess unangetastet. Das gilt ebenso für das durch Elektroneneinfang gebildete Radikal-Anion, $M^{-\bullet}$, das demnach ein Elektron mehr als M besitzt (Tab. 6.1).

Vergleicht man ein neutrales Molekül mit dem daraus resultierenden Molekül-Ion, so ist zu erwarten, dass die Bindungsverhältnisse im Ion gegenüber dem Molekül geschwächt sein werden. Besonders deutlich ist das zu sehen, wenn man ein H_2-Molekül (Lewis-Struktur) mit seinem Molekül-Ion vergleicht:

$$H \bullet \bullet H + e^- \rightarrow [H + \bullet H] + 2e^- \qquad (6.3)$$

Dabei ließe sich [H+ •H] auch als $[H\bullet H]^{+\bullet}$ oder einfach $H_2^{+\bullet}$ schreiben. Obwohl man das Wasserstoff-Molekül-Ion formal aus Proton und H-Atom zusammengesetzt ansehen kann, bleiben die beiden Atome zusammen, da das verbliebene Bindungselektron immer noch eine schwache kovalente Bindung aufrechterhält. Der Bindungsabstand wird also etwas größer und die Gleichgewichtsposition der Atome unterscheidet sich von der im Neutralzustand.

In der Schreibweise als H^+ und $H^\bullet$ werden auch gleich die möglichen Fragmente bei einem Zerfall des Molekül-Ions erkennbar. In der Tat, dissoziiert $H_2^{+\bullet}$ zu H^+, m/z 1, und $H^\bullet$, 1 u.

$$H_2^{+\bullet} \rightarrow H^+ + H^\bullet \qquad (6.4)$$

Das neutrale H-Atom wird im Massenspektrum von H_2 nur aus der Differenz zwischen dem Peak für $H_2^{+\bullet}$, m/z 2, und dem für H^+, m/z 1, ersichtlich.

Tab. 6.1 Symbolik und Formelbeispiele für Ladungs- und Radikalzustände

Teilchen	Symbol	Beispiele
Ion mit gerader Elektronenanzahl	+	H^+, H_3O^+, $C_2H_5^+$, NH_4^+
	−	OH^-, Br^-, CF_3^-, CF_3COO^-
Ion mit ungerader Elektronenanzahl	+•	$CH_4^{+\bullet}$, $C_3H_9N^{+\bullet}$, $C_{60}^{+\bullet}$
	−•	$F_2^{-\bullet}$, $CCl_4^{-\bullet}$, $C_{60}^{-\bullet}$
Radikal (neutral)	•	$H^\bullet$, $CH_3^\bullet$, $OH^\bullet$, $CH_2Cl^\bullet$, $Br^\bullet$

Ionenstatistik

Aus *einem* Molekül wird auch *ein* Molekül-Ion. Bleibt es intakt und erreicht als M$^{+\bullet}$ den Detektor, so erhält man ein Signal, das noch keine definierte relative Intensität besitzt. Die relative Intensität lässt sich ja erst im Vergleich zu anderen Signalen definieren. Fragmentieren von 10 Molekül-Ionen beispielsweise 4, so erhält man 4 Fragment-Ionen und 6 Molekül-Ionen, d. h. eine relative Intensität von 66,6 % für den Fragment-Ion-Peak und 100 % für den Molekül-Ion-Peak. Zerfiele nur ein Molekül-Ion mehr, wäre das Intensitätsverhältnis schon 1:1. Um belastbare Intensitäten für eine weit größere Zahl von Peaks zu bestimmen, braucht es daher einige Tausend Ionen. Dann korreliert ein Peak mit genügend vielen Detektionsereignissen, um dessen Intensität z. B. sicher zu 78 % anzugeben, ohne dass ein einziges Ereignis mehr daraus gleich 83 % oder eines weniger nur 72 % machen könnte. Das ist auch für eine belastbare Interpretation von Isotopenmustern von großer Bedeutung. Da selbst ein Attomol (10^{-18} mol) noch 602.214 Teilchen entspricht, ist eine solide Statistik für ein brauchbares Spektrum meist sichergestellt.

6.2   EI-Ionenquelle

Die Funktion der **Ionenquelle** (*ion source*) besteht darin, aus der zu analysierenden Substanz isolierte Ionen in der Gasphase zu erzeugen, diese zum Analysator hin zu beschleunigen und zu fokussieren. Die Ionenquelle stellt also einen kontinuierlichen Ionenstrahl für die Massentrennung bereit. Je nach Art des Analysators und der Ionisationsmethode können die Anforderungen an diese Baugruppe stark variieren.

Bei einer EI-Ionenquelle wird die Substanz vor der Ionisation in die Gasphase gebracht. Dazu verdampft man sie entweder von der Spitze einer Schubstange aus einem beheizbaren Tiegel (man nennt das **Direkteinlass**) oder aus einem **Referenzeinlasssystem** in das vom Elektronenstrahl durchquerte Ionisationsvolumen. Die Elektronen werden von einem Glühdraht (Rh- oder W-Filament bei ca. 1800 °C) emittiert, mittels einer Spannung U_{el} von 70 V von dort abgezogen und in das Ionisationsvolumen beschleunigt. Im Schnittpunkt der beiden Strahlen findet die Ionisation statt (Abb. 6.1).

Die Ionisationswahrscheinlichkeit liegt bei nur 10^{-3}–10^{-5}, trotzdem ist EI eine Technik mit sehr guter Empfindlichkeit. Nicht ionisierte oder durch Wandstöße neutralisierte Teilchen werden von einem leistungsstarken Vakuumsystem abgepumpt. Im Vakuum bei ca. 10^{-6} mbar sind die Ionen isoliert in der Gasphase.

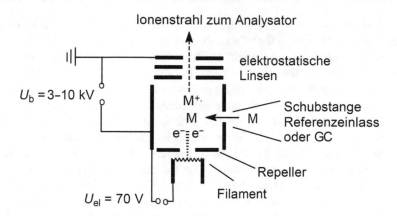

Abb. 6.1 Schema einer typischen EI-Ionenquelle. Eine Schubstange, ein Referenzeinlass oder ein Gaschromatograph liefern einen neutralen Molekularstrahl, der senkrecht zu seiner Richtung vom Strahl der Primärelektronen gekreuzt wird. Die Primärelektronenenergie bestimmt eine Potenzialdifferenz U_{el} zwischen Filament und Ionisationsvolumen. Die Extraktion von Ionen aus der Quelle und die Beschleunigung in den Analysator erfolgen durch die Beschleunigungsspannung U_b; bei Magnetsektorfeldgeräten sind das einige kV

Die Beschleunigungsspannung U_b liegt zur Fokussierung des Ionenstrahls in den Analysator verteilt über mehrere Blenden an.

6.3   Born-Oppenheimer-Näherung und Franck-Condon-Prinzip

Bereits am Beispiel von Fluormethan (Abb. 4.1) und bei der Diskussion der Ionisation und Fragmentierung von H_2-Molekülen (Abschn. 6.1) haben wir gesehen, dass Fragmentierung von Molekül-Ionen bei der massenspektrometrischen Untersuchung verbreitet auftritt. Um die Gründe für Fragmentierung von Ionen zu verstehen, betrachten wir den Ionisationsprozess unter EI-Bedingungen nun genauer.

Die Wechselwirkung des 70-eV-Elektrons mit dem Molekül geschieht in weniger als 10^{-15} s, also unter einer Femtosekunde. Das liegt einfach daran, dass das Elektron von 70 eV kinetischer Energie das Molekül in so kurzer Zeit durchquert. Von den Molekülschwingungen wissen wir aus der IR-Spektroskopie, dass schnelle Valenzschwingungen rund 10^{-13} s benötigen, die meisten eher 10^{-12} s (1 ps). Die Ionisation bei EI ist daher 100- bis 1000-mal schneller als eine Molekülschwingung.

Deshalb kann man die Atome eines Moleküls während der Ionisation als ruhend bzw. örtlich fixiert betrachten. Diese Annahme ist als **Born-Oppenheimer-Näherung** bekannt. Da die Schwächung der Bindungsverhältnisse durch den Verlust eines Elektrons im Molekül-Ion zu schwächeren Bindungen und damit zu größeren Bindungslängen führen wird, liegt die Potenzialkurve von M relativ zu der von $M^{+\bullet}$ bei geringerer Energie und kürzerem Gleichgewichtsabstand (Abb. 6.2). Wenn das Molekül plötzlich so viel Energie aufnimmt, dass es ionisiert wird, entsteht das Ion in einem Zustand, bei dem die Positionen der Atome nicht den Gleichgewichtspositionen seiner neuen Existenz entsprechen. Die Einstellung der neuen Positionen geht mit einer Schwingungsanregung einher. Das **Franck-Condon-Prinzip** beschreibt die Wahrscheinlichkeiten der Übergänge aus dem Grundzustand und den schwingungsangeregten Zuständen des Moleküls in die möglichen schwingungsangeregten Zustände des Molekül-Ions. Diese sogenannten vertikalen Übergänge treffen die Potenzialkurve des Molekül-Ions nicht bei dessen Grundzustand, sondern führen direkt auf

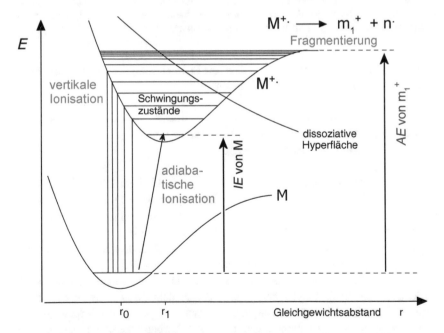

Abb. 6.2 Franck-Condon-Prinzip und vertikale Ionisation. Unter EI-Bedingungen tritt adiabatische Ionisation nicht auf, stattdessen werden hoch schwingungsangeregte Molekül-Ionen erzeugt

schwingungsangeregte Niveaus. Manche der Ionisationsvorgänge enden energetisch sogar oberhalb der Schwelle zum Kontinuum, d. h. oberhalb der zur Bindungsdissoziation nötigen Energie. Diese Molekül-Ionen, $M^{+\bullet}$, können dann fragmentieren nach $M^{+\bullet} \rightarrow m_I^+ + n^\bullet$.

6.4 Energetik des Ionisationsprozesses

Ionisierungsenergie Die **Ionisierungsenergie** (*ionization energy, IE*) eines Atoms oder Moleküls ist der Energiebetrag, der erforderlich ist, um das im elektronischen Grundzustand befindliche Atom oder Molekül in seinen energetisch niedrigsten ionischen Zustand, also das betreffende Atom-Ion oder Molekül-Ion zu überführen. Der 0-0-Übergang (adiabatische Ionisation) ist bei EI allerdings nicht möglich, denn man erreicht immer schwingungsangeregte Zustände des Molekül-Ions.

▶ **Ionisierungsenergie** Die Ionisierungsenergie ist eine individuelle Eigenschaft eines Moleküls. Werte der *IE* reichen von etwa 7 eV bei polycyclischen Aromaten und Heteroaromaten bis rund 15 eV bei kleinen Molekülen, besonders wenn elektronegative Atome enthalten sind.

Ionisationsausbeute Solange die Energie der Primärelektronen unterhalb der *IE* bleibt, findet keine Ionisation statt; überschreitet sie jedoch die *IE*, so werden Ionen gebildet. Mit weiterem Anstieg der Primärelektronenenergie nimmt die **Ionisationsausbeute** rasch zu, da jetzt auch Ionisation eintreten kann, wenn Elektronen beim Stoß mit dem Molekül nicht ihre volle kinetische Energie übertragen. Ab etwa 50 eV flacht die Kurve langsam ab und geht am Maximum um 70 eV in ein Plateau über (Abb. 6.3). Die Kurven der Ionisationsausbeute sehen für alle Moleküle ähnlich aus und daher misst man EI-Spektren normalerweise bei einer Primärelektronenenergie von 70 eV.

Auftrittsenergie Bei der Wechselwirkung eines Elektrons von 70 eV Energie mit dem Molekül wird meist wesentlich mehr Energie als die Ionisierungsenergie auf das Molekül übertragen. Der Überschuss ist die innere Energie des Molekül-Ions, E_{int}, die als Schwingungs- und Rotationsanregung vorliegt. Wurde so viel Energie übertragen, dass gerade eben die Aktivierungsenergie, E_0, einer Zerfallsreaktion überwunden werden kann, treten deren Produkte im Spektrum auf. Da dieses Fragment erst ab einem bestimmten, oft deutlich über *IE* liegenden Wert auftritt,

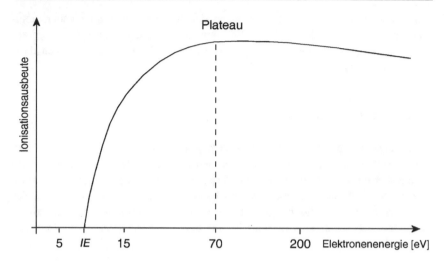

Abb. 6.3 Semiquantitative Darstellung der Ionisationsausbeute als Funktion der Primär-elektronenenergie. Unterhalb der *IE* ist keine Ionisation möglich, oberhalb der *IE* steigt die Ionisationsausbeute zunächst steil an, bevor sie um 70 eV ein Plateau erreicht

wird diese Energie **Auftrittsenergie** (*appearance energy, AE*) genannt (Abb. 6.2). Jede Fragmentierungsreaktion besitzt eine individuelle *AE*.

6.5   Vom Molekül zu den Fragmenten

Für ein Molekül M ergibt sich folgender Ablauf: Es tritt mit thermischer Energie ($< 0,1$ eV) in die Ionenquelle ein und wird durch Wechselwirkung mit einem Elektron ionisiert ($IE \approx 10$ eV), wobei das Ion $M^{+\bullet}$ eine bestimmte innere Energie durch Schwingungsanregung erhält ($E_{int} = 1\text{--}10$ eV). Manche Molekül-Ionen entstehen nahe dem Grundzustand und können daher keine Zerfallsschwelle überwinden – sie sind aus Sichtweise der MS stabil. Die meisten Molekül-Ionen haben ausreichend innere Energie für eine der zur Auswahl stehenden Fragmentierungsreaktionen. Nur wenige Molekül-Ionen erhalten so viel innere Energie, dass quasi jeder Reaktionsweg offen steht, was mitunter zu ungewöhnlichen Fragment-Ionen führt.

Die isolierten Ionen in der Gasphase haben sehr unterschiedliche innere Energien, da bei ihrer Entstehung alle Energiebeträge von gerade eben zur Ionisation ausreichend bis hin zu etlichen eV darüber übertragen werden können. Es liegt eine breite Verteilung der inneren Energie vor. Ein Ion mit minimaler innerer Energie kann die Zerfallsschwelle nicht überwinden und bleibt daher unverändert bestehen, es ist stabil. Ein Ion mit innerer Energie jenseits der Zerfallsschwelle dagegen kann dissoziieren.

Die Primärfragmente haben zum Teil noch genügend innere Energie, um weiterzuzerfallen. Es finden daher gleichzeitig Konkurrenz- und Folgereaktionen in der Ionenquelle statt. Je höher die innere Energie eines Ions ist, desto schneller fragmentiert es. Ein Ion vergleichsweise hoher Stabilität führt zu einem intensiveren Peak im Spektrum, da es langsamer weiterzerfällt als andere.

Sind Ionen nicht zur Fragmentierung in der Lage, kann man durch weitere Energiezufuhr ihren Zerfall ermöglichen, z. B. mittels Stoßaktivierung (*collision-induced dissociation*, CID; dieser Technik widmen wir uns im Zusammenhang mit der Tandem-MS, Kap. 11).

▶ **Stabil, metastabil und instabil** Finden Zerfälle in der Ionenquelle statt, nennt man die zerfallenden Ionen instabil. Treten die Fragmentierungsreaktionen aber erst beim Flug durch den Massenanalysator auf, spricht man von metastabilen Ionen. Ionen, die intakt den Detektor erreichen, heißen stabil. Das gilt natürlich nur unter den Bedingungen des massenspektrometrischen Experiments.

Fragmentierungsreaktionen 7

Die Fragmentierung von Molekül-Ionen und der weitere Zerfall von Fragment-Ionen geschehen größtenteils auf geregelten Reaktionswegen. Deren Kenntnis vorausgesetzt, kann man Massenspektren zur Strukturaufklärung heranziehen. So wie ein Archäologe die Scherben eines Kruges wieder zum Gefäß zusammenfügt, können wir aus den **Fragment-Ionen** Rückschlüsse auf die Struktur des intakten Moleküls ziehen. Auch wir finden nicht immer alle Scherben und nicht immer fügt sich alles zu einer vollständigen Struktur, doch auch mit begrenztem Aufwand lässt sich schon einiges über das untersuchte Molekül herausfinden. Daher widmen wir uns nun den allerwichtigsten **Fragmentierungsreaktionen** und den Grundregeln der Interpretation von EI-Spektren [21].

EI wird als „harte" Ionisationsmethode bezeichnet. Die Ionen werden mit einem großen Überschuss an innerer Energie erzeugt und können daher bereits in der Ionenquelle entweder zu einem *closed-shell*-Ion und einem Radikal, sogenannte radikalinduzierte Spaltung, oder zu einem neuen kleineren Radikal-Ion und einem neutralen Molekül fragmentieren, sogenannte Umlagerungsfragmentierung.

$$M^{+\bullet} \rightarrow A^+ + B^\bullet \quad \text{Fragmentierung zu Ion A}^+ \text{ und Radikal B}^\bullet \quad (7.1)$$

$$M^{+\bullet} \rightarrow A^\bullet + B^+ \quad \text{Fragmentierung zu Radikal A}^\bullet \text{ und Ion B}^+ \quad (7.2)$$

$$M^{+\bullet} \rightarrow C^{+\bullet} + D \quad \text{Umlagerungsfragmentierung zu Ion C}^{+\bullet} \text{ und Molekül D} \quad (7.3)$$

Wir wollen uns zunächst den radikalinduzierten Spaltungen von Molekül-Ionen widmen.

© Springer-Verlag GmbH Deutschland, ein Teil von Springer Nature 2019
J. H. Gross, *Massenspektrometrie,* https://doi.org/10.1007/978-3-662-58635-8_7

7.1 σ-Spaltung von Radikal-Ionen

Alkan-Moleküle haben keine funktionelle Gruppe und alle Bindungen sind σ-Bindungen. Wenn ein solches Molekül ionisiert wird, trifft es immer eine dieser σ-Bindungen, so wie wir es schon für die Ionisation von H_2 formuliert hatten. Im Falle der Dissoziation des Molekül-Ions bilden sich ein Carbenium-Ion und ein Alkyl-Radikal durch **σ-Spaltung**. Wenn mehrere σ-Bindungen zur Auswahl stehen, werden bevorzugt diejenigen gespalten, deren Bruch zu thermodynamisch stabileren Produktpaaren führt (**Stevenson-Regel**). Generell sind Carbenium-Ionen stabiler, je höher das ladungstragende C-Atom substituiert ist, also primäre < sekundäre < tertiäre. Ebenso nimmt die Stabilität von Radikalen in der Reihung primäre < sekundäre < tertiäre zu. Die Spaltungen, die zu höher substituierten Ionen und/oder Radikalen führen, sind energetisch begünstigt. Entsprechend haben die resultierenden Fragment-Ionen eine höhere Bildungswahrscheinlichkeit und werden daher durch intensivere Peaks im Spektrum repräsentiert.

Im EI-Spektrum von Heptan tritt nur ein sehr schwacher Peak für das $[M–CH_3]^+$-Ion, m/z 85, auf, während die Peaks für $[M–C_2H_5]^+$, m/z 71, und für $[M–C_3H_7]^+$, m/z 57, deutlich intensiver sind. Der Basispeak im Spektrum resultiert aus Verlust von Butyl, ist also $[M–C_4H_9]^+$, m/z 43.

Offensichtlich gibt es weitere Ionen, von denen manche direkt aus dem Molekül-Ion und andere durch Folgefragmentierung gebildet werden. Im Spektrum sind jedenfalls noch weitere Peaks zu sehen (Abb. 7.1). Generell beobachtet man zu einem Neutralverlust auch das korrespondierende Ion, da die Ladung jeweils an einer der beiden Gruppen lokalisiert sein kann. Man findet beispielsweise zu einem $[M–C_3H_7]^+$-Ion auch $C_3H_7^+$, m/z 43, und zu einem $[M–CH_3]^+$-Ion auch CH_3^+, m/z 15 (Abb. 7.2).

Die Bevorzugung höher substituierter Carbenium-Ionen und Radikale wird aus dem Vergleich des Heptan-Spektrums mit dem des isomeren 2,4-Dimethylpentans offensichtlich (Abb. 7.3). Hier ist das $[M–CH_3]^+$-Ion, m/z 85, wesentlich stärker vertreten als beim Heptan. Dies liegt an der direkten Bildung eines sekundären Carbenium-Ions durch Methylverlust (Abb. 7.4). Außerdem gibt es keinen direkten Weg zur Ethylabspaltung. Dass dennoch ein sehr schwaches Signal für $[M–C_2H_5]^+$, m/z 71, auftritt, deutet auf eine gewisse Beteiligung von Umlagerungen vor dem Zerfall hin.

Die σ-Spaltung kann an allen Einfachbindungen auftreten. Somit ist sie bei quasi jedem Molekül-Ion in irgendeiner Weise möglich. Wir werden sie daher in den nachfolgenden Spektren immer dabei haben. Allerdings ist die σ-Spaltung recht unspezifisch und auch keineswegs der einzige Weg zu Radikalverlusten aus Molekül-Ionen.

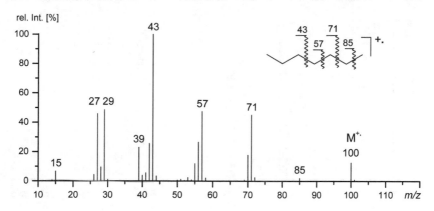

Abb. 7.1 70-eV-EI-Spektrum von Heptan. Mit freundlicher Erlaubnis von NIST. © NIST 2014

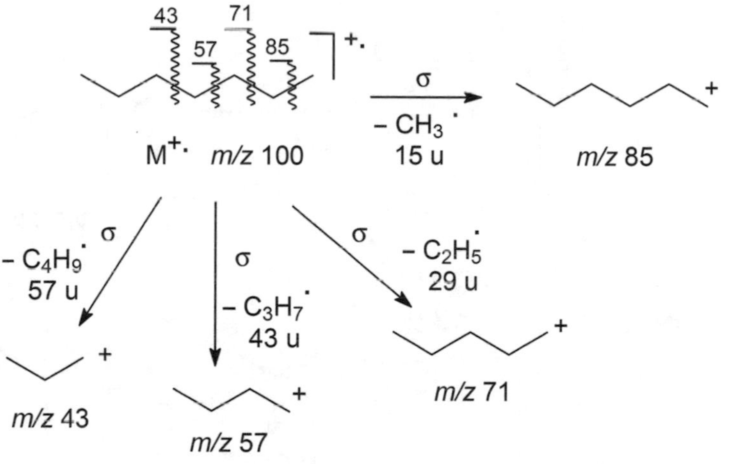

Abb. 7.2 Fragmentierung von Heptan-Molekül-Ionen durch σ-Spaltung

7.2   α-Spaltung von Radikal-Ionen

Die α-Spaltung ist ebenfalls eine radikalinduzierte Spaltung. Anders als die σ-Spaltung tritt die α-Spaltung in Molekülen mit funktionellen Gruppen an definierten Bindungen im Molekül-Ion auf, was zur Bildung strukturspezifischer

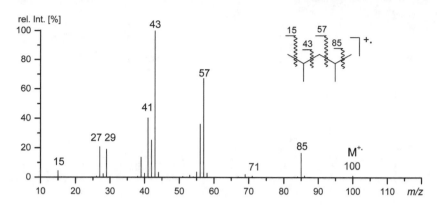

Abb. 7.3 70-eV-EI-Spektrum von 2,4-Dimethylpentan. Mit freundlicher Erlaubnis von NIST. © NIST 2014

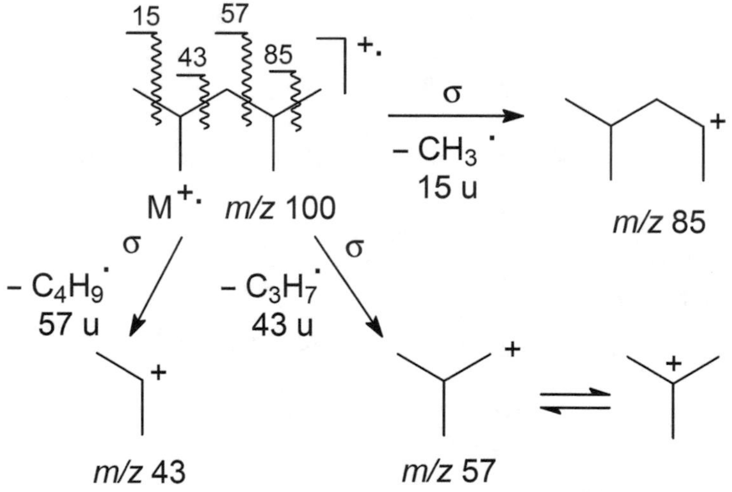

Abb. 7.4 Fragmentierung von 2,4-Dimethylpentan-Molekül-Ionen durch σ-Spaltung

Fragment-Ionen führt. Die **α-Spaltung** wird beobachtet, wenn im Molekül-Ion Stellen bevorzugter Ladungslokalisierung vorhanden sind. Dazu gehören zuallererst Heteroatome, deren n-Elektronen bei der Ionisation entfernt werden können, ohne direkt eine kovalente Bindung dabei zu beeinträchtigen. Besonders N, O und S sind hier effektiv, während die Halogene aufgrund ihrer Elektronegativität sich deutlich schwerer tun. Aber auch konjugierte oder isolierte π-Bindungen sind immer noch besser zur Stabilisierung der Ladung geeignet als σ-Bindungen. Besonders klar tritt die α-Spaltung bei Ketonen, Aminen und Ethern auf, weshalb wir sie uns an diesen drei Substanzklassen erarbeiten.

α-Spaltung an Carbonylgruppen In Carbonylverbindungen, R^1–CO–R^2, stehen zwei freie Elektronenpaare am Sauerstoff zur Verfügung, von denen leicht ein Elektron entfernt werden kann. Das Molekül-Ion kann nun durch Verschiebung eines einzelnen Elektrons (symbolisiert durch einen Halbpfeil) von einer CO••R-Bindungen hin zur Radikalstelle am Sauerstoffatom ein Alkylradikal abspalten (Abb. 7.5).

Diese Form der homolytischen Bindungsspaltung wird also von der Radikalstelle initiiert, der Prozess verläuft unter Ladungserhalt in dem Teil des Ions, in dem sie schon im Molekül-Ion lokalisiert war. Die hier beschriebene Reaktion bezeichnet man als α-Spaltung. Das neutrale Fragment, R•, wird vom Massenspektrometer nicht detektiert, wohingegen das geladene Fragment, ein **Acylium-Ion**, R–CO⁺, zu einem intensiven Peak im Spektrum führt. Acylium-Ionen fragmentieren dann unter Abspaltung eines Moleküls CO (28 u) zu **Carbenium-Ionen**, R^+:

$$R-CO^+ \rightarrow R^+ + CO \qquad (7.4)$$

Bei unterschiedlichen Alkylgruppen in der Carbonylverbindung, R^1–CO–R^2, kann die Stevenson-Regel bei der Entscheidung helfen, welcher Rest (R^1 oder R^2) eher als Gruppe des Acylium-Ions auftreten wird und welcher Rest vorzugsweise als Carbenium-Ion erscheinen wird. Kurz gesagt entsteht nach der **Stevenson-Regel** bevorzugt, doch keinesfalls ausschließlich, das Produktpaar aus Radikal und Ion, das die geringere Bildungsenthalpie aufweist, d. h. das thermodynamisch stabiler ist.

Pentan-2-on

Im EI-Massenspektrum von Pentan-2-on ist der Basispeak bei *m/z* 43. Er resultiert aus einem Fragment-Ion, das durch Propylverlust aus dem Molekül-Ion entsteht. Abspaltung von Propyl ist im Vergleich zum Verlust von Methyl,

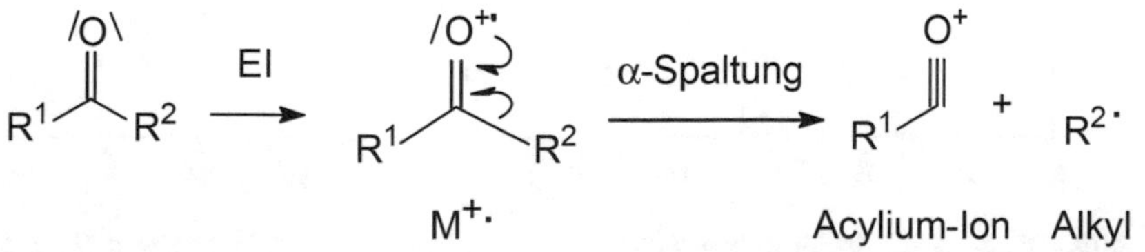

Abb. 7.5 Schema der α-Spaltung bei Carbonylverbindungen

der zum schwächeren Peak bei m/z 71 führt, deutlich bevorzugt (Abb. 7.6). Auch kommt das $C_3H_7^+$-Ion, m/z 43, sicher häufiger vor als das weniger stabile CH_3^+-Ion, m/z 15. Außerdem tritt ein zusätzlicher Dissoziationsweg auf, der unter Ethenverlust zum Fragment bei m/z 58 führt (Abschn. 7.5, McLafferty-Umlagerung).

Mit der α-Spaltung konkurriert die Bildung von Carbenium-Ionen. Man kann das als eine durch die ladungstragende Stelle induzierte Spaltung, eine sogenannte induktive Spaltung (Symbol i), verstehen oder auch als σ-Spaltung. Im Schema wurde der durch die Ladungsstelle induzierte Mechanismus gewählt, bei dem das bindende Elektronenpaar am Carbonyl-Fragment verbleibt und so ein Acyl-Radikal und ein Carbenium-Ion liefert (Abb. 7.7). Hätte man die ursprüngliche Ladung direkt der entsprechenden σ-Bindung zugeordnet, dann würde man genau dieselben Produkte auch durch σ-Spaltung erhalten. Insgesamt entstehen so aus einem unsymmetrischen Keton im EI-Massenspektrum vier Primärfragment-Ionen.

α-Spaltung bei Aminen Auch wenn das ladungstragende Heteroatom wie bei Aminen Teil einer aliphatischen Kette ist, bleibt der Mechanismus der α-Spaltung erhalten. Vom ladungstragenden Atom aus gesehen wird ein Elektron herbeigeholt und dann die übernächste Bindung gespalten. Die Art der Fragmente ist dagegen deutlich anders. Bei Molekül-Ionen von Aminen dominiert die α-Spaltung als Primärfragmentierung. Die Fixierung der Ladung am Stickstoff bewirkt,

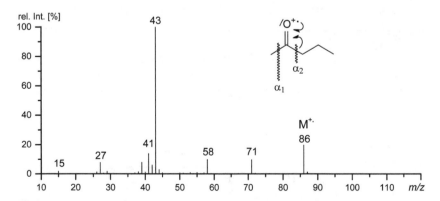

Abb. 7.6 70-eV-EI-Spektrum von Pentan-2-on. Mit freundlicher Erlaubnis von NIST. © NIST 2014

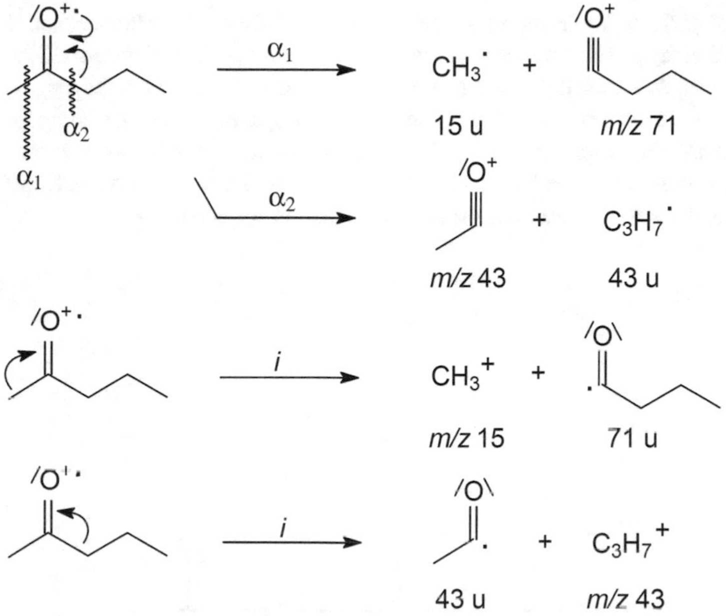

Abb. 7.7 α-Spaltung und konkurrierende induktive Spaltung bei Pentan-2-on-Molekül-Ionen

dass kaum Fragmente durch konkurrierende induktive Spaltung entstehen. Die resultierenden Ionen heißen **Iminium-Ionen,** da sie formal durch elektrophile Addition eines Protons oder eines Carbenium-Ions an ein Imin gebildet werden. Iminium-Ionen sind die stabilsten $[C_nH_{2n+2}N]^+$-Isomere.

N,N-Dimethyl-2-butylamin

Das EI-Spektrum von *N,N*-Dimethyl-2-butylamin, $C_6H_{15}N$, zeigt den Molpeak recht schwach bei *m/z* 101 (Abb. 7.8). Die Primärfragmentierungen des Molekül-Ions sind α-Spaltungen. So entstehen $[M–H]^+$, *m/z* 100, $[M–CH_3]^+$, *m/z* 86, und $[M–C_2H_5]^+$, *m/z* 72, jeweils durch α-Spaltung (Abb. 7.9); diese Fragmente sind Iminium-Ionen. Man beachte, dass ein $[M–H]^+$, *m/z* 100, durch Verlust von H˙ via α-Spaltung an drei verschiedenen Positionen auftreten kann. Obwohl dafür insgesamt sieben quasi äquivalente H-Atome verfügbar sind, ist der Peak bei *m/z* 100 sehr schwach. Das weist auf die im Vergleich zum Methylverlust ungünstige Energetik dieses Reaktionswegs.

Stickstoff-Regel Vielleicht ist Ihnen etwas aufgefallen. Bei Fluormethan, Heptan, 2,4-Dimethylpentan und Pentan-2-on lagen die Molpeaks bei geradzahligem *m/z*-Wert. Bei *N,N*-Dimethyl-2-butylamin dagegen war er bei ungeradzahligem *m/z*-Wert. Die Primärfragmente durch Radikalverluste via σ-Spaltung oder α-Spaltung lagen alle bei geradzahligen *m/z*-Werten, doch die Iminium-Ionen aus dem Amin hatten geradzahlige *m/z*-Werte. Das hat System und lässt sich in die sogenannte **Stickstoff-Regel** fassen, deren Anwendung uns spektrale Information erschließt.

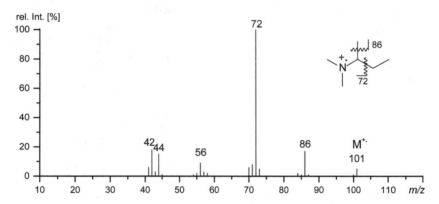

Abb. 7.8 70-eV-EI-Spektrum von *N,N*-Dimethyl-2-butylamin. Mit freundlicher Erlaubnis von NIST. © NIST 2014

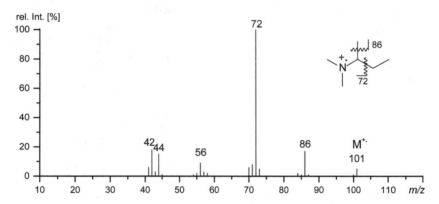

Abb. 7.9 Fragmentierung von *N,N*-Dimethyl-2-butylamin durch α-Spaltungen

▶ **Stickstoff-Regel** Ein monoisotopisches Molekül-Ion wird bei geradzahligem nominellem m/z-Wert detektiert, wenn das Molekül eine
gerade Anzahl von N-Atomen enthält (0, 2, 4, …). Bei ungerader Anzahl
von N-Atomen (1, 3, 5, …) wird es bei ungeradzahligem nominellem
m/z detektiert. Erweitert bedeutet das, dass sich der nominelle m/z-
Wert von ungerade zu gerade und umgekehrt ändert, wenn ein Radikal ohne N aus einem beliebigen Ion abgespalten wird. Bei Verlust eines
Moleküls (ohne N) aus einem Ion mit gerader Massenzahl entstehen
Fragmente mit geradzahligem nominellem m/z und aus einem Ion mit
ungeradem m/z entstehen dann Fragmente mit ungeradzahligem m/z.
  Es besteht die Gefahr unzulässiger Vereinfachung der Stickstoff-Regel. Ein geradzahliger m/z-Wert beim Molekül-Ion bedeutet
wirklich nur „0, 2, 4, … N-Atome" und nicht gleich „kein Stickstoff".
Ebenso weist ein ungeradzahliger m/z-Wert auf „1, 3, 5, … N-Atome"
und nicht auf „genau ein Stickstoff".

Stickstoff-Regel im Einsatz

Man muss es einfach ausprobieren, um Vertrauen in die Stickstoff-Regel zu
gewinnen. Hier sind ein paar Formeln mit den zugehörigen Molekülmassen:
NH_3 (17 u), H_2O (18 u), CH_3F (34 u), CO_2 (44 u), $C_2H_8N_2$ (60 u), C_2H_6S
(62 u), $C_2H_3N_3$ (69 u), C_6H_6 (78 u) und C_5H_5N (79 u). Am besten, Sie suchen
selbst noch ein paar Moleküle aus und prüfen die Regel nach.

α-*Spaltung bei Ethern* Sauerstoff ist weniger ladungsstabilisierend als Stickstoff
und die konkurrierende Bildung von Carbenium-Ionen ist daher bei den Primärfragmentierungen von aliphatischen Ethern etwas stärker ausgeprägt. Auch die
σ-Spaltung der Heteroatom–C-Bindung tritt bei Ethern verstärkt auf. Dennoch
stellt die α-Spaltung weiterhin den bevorzugten Zerfallsweg dar; es entstehen
Oxonium-Ionen.
  Im Spektrum von Butylisopropylether, $M^{+•}$ bei m/z 116, korrelieren die Peaks
bei m/z 101 und 73 mit der α-Spaltung, und die σ-Spaltung der O–C-Bindung
führt zu Signalen bei m/z 59 und ebenfalls m/z 73, einem Isomer des σ-Spaltungs-
Ions bei m/z 73 (Abb. 7.10). Diese Ionen von zunächst etwas ungewöhnlicher
Struktur können sich durch einen 1,2-Hydridshift zum Oxonium-Ion stabilisieren
(Abb. 7.11). Außerdem können ladungsinduzierte Spaltungen unter Bildung von
Carbenium-Ionen und Alkoxy-Radikalen eintreten, von denen im Schema eine
gezeigt ist.

7.3 Charakteristische Ionen

Ähnlich wie bei den Acylium-Ionen und Carbenium-Ionen gehört auch die Reihe der homologen Iminium-Ionen, Oxonium-Ionen oder auch Sulfonium-Ionen (aus Thioethern und Thiolen) zum Grundrepertoire des Massenspektrometrikers. Da man die *m/z*-Werte dieser Serien von **charakteristischen Ionen** ständig bei der Interpretation von EI-Spektren benötigt, sind sie unten zusammengestellt (Tab. 7.1).

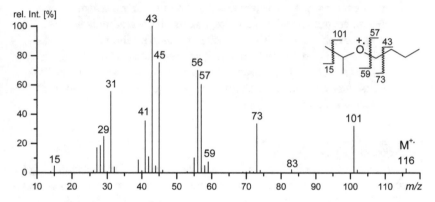

Abb. 7.10   70-eV-EI-Spektrum von Butylisopropylether. Mit freundlicher Erlaubnis von NIST. © NIST 2014

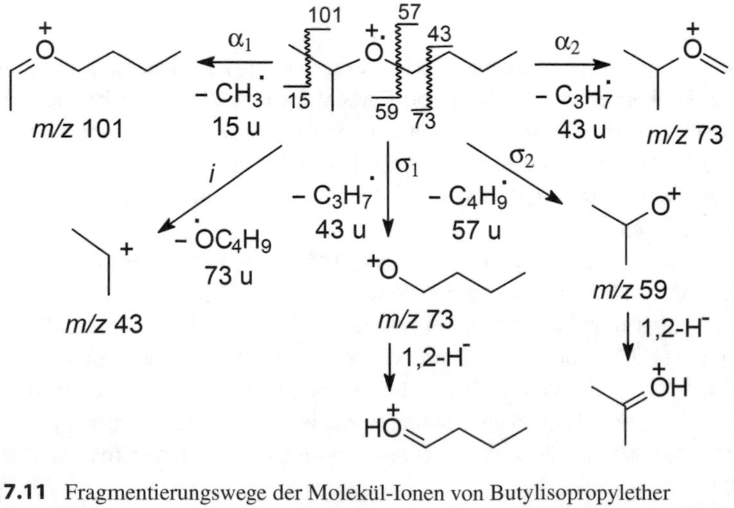

Abb. 7.11   Fragmentierungswege der Molekül-Ionen von Butylisopropylether

---

Fragen

Üben Sie das Erkennen charakteristischer Ionen, indem Sie die bisher besprochenen Spektren auf das Auftreten der verschiedenen Ionenserien untersuchen (Es können Vertreter von mehr als nur einer Serie in einem Spektrum zu finden sein.)

7.4 Neutralverluste

Ebenso ist es wichtig, **typische Radikalverluste** und neutrale Moleküle anhand ihrer Massendifferenzen zu erkennen; einige davon sind uns bisher ja schon begegnet. Es ist hier natürlich kaum möglich, alle denkbaren **Neutralverluste** aus Molekül-Ionen oder auch weiter zerfallenden Fragment-Ionen aufzulisten, dennoch liefert Tab. 7.2 eine brauchbare Zusammenstellung. Dabei sind selten auftretende Verluste in Klammern aufgeführt. Beachten Sie auch, dass manche Abspaltungen mit merklichen Veränderungen des Isotopenmusters einhergehen. So wird sich ein Verlust von Gruppen mit Cl, Br, Si oder S durch sorgfältige Analyse des Isotopenmusters erkennen bzw. absichern lassen. Ebenso lassen sich die exakten Massen dieser kleinen Moleküle oder Radikale rasch ausrechnen und – sofern diese Information verfügbar ist – mit den exakten Massenabständen der Signale im Spektrum abgleichen (Abschn. 8.1).

▶ **Sinnvolle Massenabstände zwingend erforderlich** Es kann nicht jede beliebige Massendifferenz vom Primärfragment zum Molekül-Ion auftreten. Vielmehr müssen die Peaks beim nächstniedrigeren *m/z* chemisch sinnvoll erklärbar sein, also „echten" Radikalen oder Molekülen entsprechen. Ionen zwischen M−5 und M−14 sowie zwischen M−21 und M−25 können nicht aus dem Molekül-Ion stammen, sondern haben anderen Ursprung.

Tab. 7.1 Charakteristische Ionen mit aliphatischen Substituenten

Ionenserie	Allg. Formel	m/z für						
		$n = 1$	$n = 2$	$n = 3$	$n = 4$	$n = 5$	$n = 6$	$n = 7$
Carbenium-Ionen	$[C_nH_{2n+1}]^+$	15	29	43	57	71	85	99
Acylium-Ionen	$[C_nH_{2n-1}O]^+$	29	43	57	71	85	99	113
Iminium-Ionen	$[C_nH_{2n+2}N]^+$	30	44	58	72	86	100	114
Oxonium-Ionen	$[C_nH_{2n+1}O]^+$	31	59	73	87	101	115	129
Sulfonium-Ionen	$[C_nH_{2n+1}S]^+$	47	61	75	89	103	117	131

Tab. 7.2 Häufig auftretende Neutralverluste

$[M-X]^+$ [u]	Radikale	$[M-AB]^{+\bullet}$ [u]	Moleküle
−1	H$^\bullet$	−2	H_2
−15	$CH_3^\bullet$	−4	$2 \times H_2$
−16	O$^\bullet$	−17	NH_3
−17	OH$^\bullet$	−18	H_2O
−19	F$^\bullet$	−20	HF
−29	$C_2H_5^\bullet$	−27	HCN
−31	$OCH_3^\bullet$	−28	CO, C_2H_4, N_2
−33	SH$^\bullet$	−30	$H_2C=O$, NO
−35, −37	Cl$^\bullet$	−32	CH_3OH, O_2
−43	$C_3H_7^\bullet$, $CH_3CO^\bullet$	−34	H_2S
−45	$C_2H_5O^\bullet$, COOH$^\bullet$	−36, −38	HCl
−47	$SCH_3^\bullet$	−42	$C_3H_6, H_2C=C=O$
−57	$C_4H_9^\bullet$, $C_2H_5CO^\bullet$	−44	$CO_2, (C_3H_8)$
−59	$^\bullet COOCH_3$, $C_3H_7O^\bullet$	−46	$C_2H_5OH, HCOOH, NO_2$
−77	$C_6H_5^\bullet$	−56	C_4H_8
−79, −81	Br$^\bullet$	−60	$CH_3COOH, HCOOCH_3$
−91	$C_7H_7^\bullet$	−80, −82	HBr
−127	I$^\bullet$, $C_{10}H_7^\bullet$	−128	HI

Fragen
Prüfen Sie die Behauptung, dass Ionen zwischen M−5 und M−14 sowie zwischen M−21 und M−25 nicht in Spektren reiner Substanzen auftreten anhand der Spektren in diesem Kapitel.

Even-Electron-Regel Wird ein intaktes Molekül eliminiert, so handelt es sich dabei grundsätzlich um eine Umlagerungsfragmentierung. Aus *odd-electron*-Vorläufern bilden sich dabei immer *odd-electron*-Fragmente und aus *even-electron*-Vorläufern auch stets *even-electron*-Fragmente (Abschn. 6.1). Umgekehrt führt die Abspaltung eines Radikals aus einem oe-Vorläufer-Ion zu einem ee-Fragment-Ion. Einmal gebildete ee-Ionen fragmentieren nur noch unter Eliminierung intakter Moleküle, da Radikalabspaltungen energetisch zu aufwändig wären. Es treten also keine sukzessiven Radikalverluste auf. Bei extrem hoch angeregten Ionen oder Ionen mit stark eingeschränkten Möglichkeiten zur weiteren Fragmentierung sind Ausnahmen möglich. Dies ist in der MS als **Even-Electron-Regel** (*even electron rule*) bekannt. Es ist daher stets sinnvoll, nur Fragmentierungsschemata aufzustellen, die dieser Regel folgen (Abb. 7.12).

▶   **Geradzahlige und ungeradzahlige Massendifferenzen** Wird aus einem Ion ein Molekül eliminiert, so ist die Massendifferenz zwischen Fragment und Vorläufer geradzahlig, während sie bei Abspaltung eines Radikals ungeradzahlig ist. Radikalverluste erfolgen nur aus oe-Ionen (Abschn. 7.4). Ist jedoch im eliminierten Neutralteilchen ein Stickstoff-Atom vorhanden, so kehrt sich diese Regel um, d. h., dann wird eine ungeradzahlige Massendifferenz bei Eliminierung eines Moleküls und eine geradzahlige Massendifferenz bei Abspaltung eines Radikals beobachtet (Abschn. 7.2, Stickstoff-Regel).

7.5   McLafferty-Umlagerung von Radikal-Ionen

Oftmals werden aus Molekül-Ionen intakte Moleküle eliminiert; kleine thermodynamisch stabile Moleküle sind dabei bevorzugt. Beispiele finden Sie in der rechten Spalte von Tab. 7.2. Um ein Molekül zu eliminieren, muss eine Umlagerung stattfinden, da nur so die offene Valenz der abgehenden Gruppe gesättigt werden kann. Demzufolge ist das ionische Produkt der Umlagerungsfragmentierung eines Molekül-Ions wieder ein Radikal-Ion (Abschn. 7.4, Even-Electron-Regel).

$$[\text{oe-Ion}]^{+\cdot} \longrightarrow [\text{ee-Ion}]^{+} + R^{\cdot}$$

$$[\text{oe-Ion}]^{+\cdot} \longrightarrow [\text{oe-Ion}]^{+\cdot} + n$$

$$[\text{ee-Ion}]^{+} \longrightarrow [\text{ee-Ion}]^{+} + n$$

$$[\text{ee-Ion}]^{+} \xrightarrow{\;\;/\!/\;\;} [\text{oe-Ion}]^{+\cdot} + R^{\cdot}$$

Abb. 7.12 Die Even-Electron-Regel bestimmt grundsätzlich mögliche Fragmentierungsreaktion

McLafferty-Umlagerung bei Carbonylverbindungen Das Spektrum von Pentan-2-on zeigt einen Peak bei *m/z* 58 (Abb. 7.6), der in Abschn. 7.2 nur beiläufig erwähnt wurde. Dieses [M−28]$^{+\bullet}$-Ion kann nicht durch Radikalverlust entstehen, sondern muss mit einer Umlagerungsfragmentierung einhergehen.

Die Eliminierung von Alkenen aus den Molekül-Ionen von Carbonylverbindungen ist schon seit Langem bekannt. Sie erfolgt zweistufig durch γ-H-Verschiebung und nachfolgende β-Spaltung. Diese Reaktion, die **McLafferty-Umlagerung** (McL), ist die einzige Namensreaktion der MS (was ein Glück!). Im strengen Sinn sind nur Alkenverluste aus den Molekül-Ionen gesättigter aliphatischer Aldehyde, Ketone und Carbonsäuren McLafferty-Umlagerungen. Es ist aber so, dass analoge Dissoziationsprozesse bei weit mehr Arten von Ionen auftreten. Wir wollen deshalb alle Alkenverluste einbeziehen, die diesem Mechanismus grundsätzlich entsprechen, d. h., wir betrachten eine Fragmentierung als McLafferty-Umlagerung, wenn sie durch Übertragung eines γ-Wasserstoffs auf ein doppelt gebundenes Atom über einen sechsgliedrigen Übergangszustand und abschließende β-Bindungsspaltung erfolgt.

Für einen McL-Mechanismus gelten folgende Voraussetzungen: a) die Atome A, X und Y können Kohlenstoffe oder Heteroatome sein; b) A und X müssen über eine Doppelbindung verknüpft sein; c) es muss mindestens ein γ-Wasserstoff vorhanden sein; d) das H-Atom wird über einen sechsgliedrigen Übergangszustand selektiv auf X übertragen; und e) Spaltung der β-Bindung führt zum Alkenverlust (Abb. 7.13).

McLafferty-Umlagerung bei Heptansäure

Das Molekül-Ion der Heptansäure, *m/z* 130, kann eine McL eingehen. Dabei wird Penten, 70 u, eliminiert und ein Fragment-Ion, *m/z* 60, gebildet (Abb. 7.14). Die richtige Konformation des Molekül-Ions vorausgesetzt, kann zunächst ein H-Atom aus der γ-Position der Alkylkette auf das Carbonyl-O-Atom wandern und so in einer 1,5-H$^{\bullet}$-Umlagerung (1,5-H$^{\bullet}$-Shift) die Radikalposition auf das γ-C-Atom der Alkylkette verschieben (Abb. 7.15). Jetzt sind Ladung und Radikal nicht mehr am gleichen Atom lokalisiert.

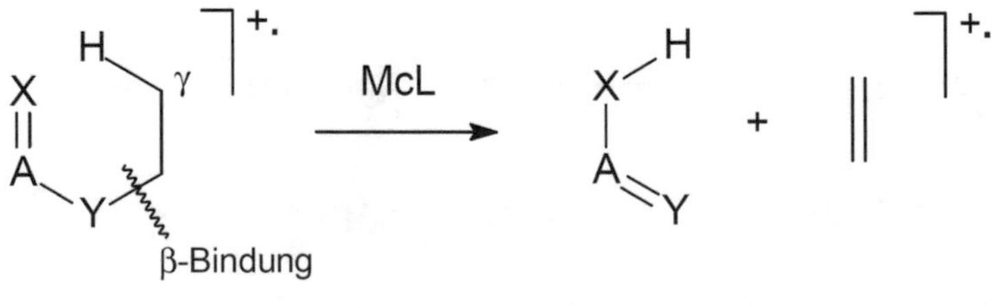

Abb. 7.13 Allgemeiner Mechanismus der McLafferty-Umlagerung

Solche Ionen nennt man **distonische Ionen.** Da zwischen Ladung und Radikal vier Bindungen liegen, handelt es sich hier um ein 1,4-distonisches Ion. Das Radikal induziert nun die Spaltung der β-Bindung, wobei die Elektronenverschiebung exakt wie bei der α-Spaltung abläuft. Der Spaltungsschritt ist damit für uns eigentlich nichts Neues mehr. Das unmittelbare Produkt der radikalischen Spaltung, ein 1,3-distonisches Ion, stabilisiert sich schließlich durch 1,3-H•-Shift zum Molekül-Ion der Essigsäure.

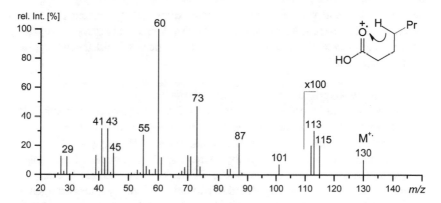

Abb. 7.14 70-eV-EI-Spektrum von Heptansäure. Die Markierung ×100 bedeutet, dass die Intensitäten ab *m/z* 110 um den Faktor 100 überhöht gezeigt sind. Die Peaks sind also eigentlich so klein, dass man sie bei dieser Darstellung nicht erkennen würde; vorhanden und relevant sind sie dennoch. Mit freundlicher Erlaubnis von NIST. © NIST 2014

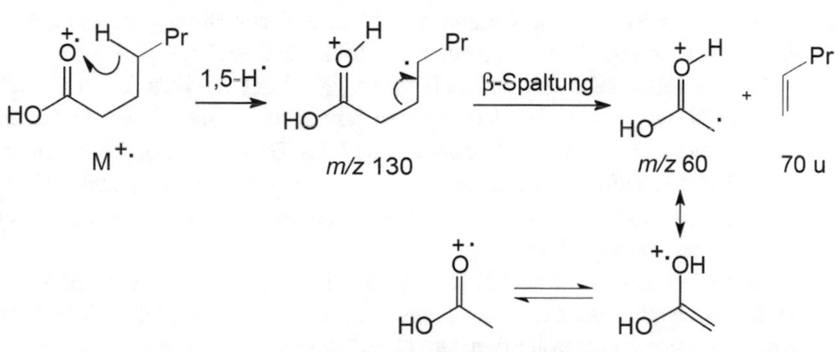

Abb. 7.15 Mechanismus der McLafferty-Umlagerung bei Heptansäure

McLafferty-Umlagerung bei anderen Verbindungsklassen Das grundsätzliche Reaktionsschema der McLafferty-Umlagerung ist keineswegs auf Carbonylverbindungen beschränkt. Vielmehr findet man eine analoge Fragmentierung auch bei entsprechend substituierten aromatischen Verbindungen, wenn der Aromat in (den) ortho-Position(en) zu diesem Substituenten mit γ-H-Atom lediglich ein H-Atom am Ring trägt. Dann kann der initiierende 1,5-H$^\bullet$-Shift zum aromatischen System hin verlaufen, da der Aromat die Funktion der H-Akzeptor-Doppelbindung übernimmt. Danach erfolgt die radikalische Spaltung der benzylischen Bindung im Substituenten unter Eliminierung des entsprechenden Restes als Alken bzw. Alkenderivat. Dies ist zwar keine McLafferty-Umlagerung im ursprünglichen Sinn, doch die Fragmentierung der Molekül-Ionen folgt dem Mechanismus der McL.

McLafferty-Umlagerung von 3-Chlorpropylbenzol

Schauen wir das 70-eV-EI-Spektrum von 3-Chlorpropylbenzol an (Abb. 7.16). Man findet den Molpeak bei *m/z* 154 (geradzahliger *m/z*-Wert, 0, 2, 4, … N-Atome, Cl-Muster) und den Basispeak bei *m/z* 91 (ungeradzahliger *m/z*-Wert nach Radikalverlust). Das Signal bei *m/z* 91 gehört zum Fragment-Ion durch **Benzylspaltung**, das schwache Signal bei *m/z* 105 zur Spaltung der homobenzylischen Bindung. Da das Molekül-Ion alle Voraussetzungen für eine McL erfüllt, tritt deren Produkt bei *m/z* 92 auf (geradzahliger *m/z*-Wert, Abb. 7.17). Wäre der Peak nicht explizit mit dem *m/z*-Wert beschriftet, könnte er leicht neben dem Basispeak unbeachtet bleiben. Bei etwas genauerer Betrachtung kann er aber unmöglich vom ^{13}C-Peak des Ions bei *m/z* 91 alleine verursacht sein (man erwartet <10 % der rel. Int. von *m/z* 91). Hier führt die McL zum Verlust von Chlorethen, 62 u, und zur Bildung eines $C_7H_8^{+\bullet}$-Fragment-Ions, *m/z* 92, einem Isomer des Toluol-Molekül-Ions.

Das Toluol-Molekül-Ion stabilisiert sich ggf. durch H$^\bullet$-Verlust zum $C_7H_7^+$-Ion, *m/z* 91, welches in vielerlei isomeren Strukturen existiert. Die wichtigsten Isomere von $C_7H_7^+$ sind das Benzyl-Ion und das Tropylium-Ion. Wann immer ein $C_7H_7^+$-Ion auftritt, fragmentiert es unter Abspaltungen von Ethin, C_2H_2, 26 u. So bildet sich daraus erst das $C_5H_5^+$-Ion, *m/z* 65, dann durch erneuten C_2H_2-Verlust das $C_3H_3^+$-Ion, *m/z* 39.

Außerdem kann im Molekül-Ion von 3-Chlorpropylbenzol die phenylische Bindung gespalten werden, was zu einem $C_6H_5^+$-Ion, *m/z* 77, führt, das seinerseits unter Abspaltung von Ethin zum $C_4H_3^+$-Ion, *m/z* 51, weiterzerfällt.

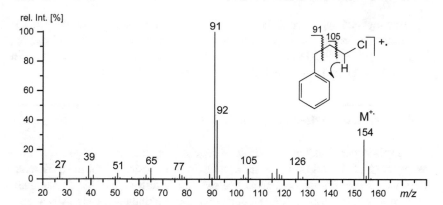

Abb. 7.16 70-eV-EI-Spektrum von 3-Chlorpropylbenzol. Das Produkt der McLafferty-Umlagerung tritt bei m/z 92 auf. Das Signal bei m/z 91 gehört zum Fragment-Ion durch Benzylspaltung, das bei m/z 105 zur Spaltung der homobenzylischen Bindung. Mit freundlicher Erlaubnis von NIST. © NIST 2014

Abb. 7.17 Mechanismus der McLafferty-Umlagerung bei 3-Chlorpropylbenzol

1,5-H·

β-Spaltung

m/z 92   62 u

Die Reihe der „Benzylfragmente"

Bei **Benzylverbindungen** und vielen ähnlichen Aromaten tritt das $C_7H_7^+$-Ion, m/z 91, als Fragment-Ion auf; der zugehörige Peak ist gewöhnlich im Spektrum intensiv. Das $C_7H_7^+$-Ion dissoziiert unter Verlust von C_2H_2, 26 u, sodass $C_5H_5^+$, m/z 65, und dann durch erneuten C_2H_2-Verlust $C_3H_3^+$, m/z 39, auftreten. Mit dieser Serie verzahnt findet man infolge der phenylischen

Bindungsspaltung noch $C_6H_5^+$, m/z 77, und daraus $C_4H_3^+$, m/z 51. In der Summe beobachtet man also eine Reihe der „Benzylfragmente" bei m/z 39, 51, 65, 77 und 91, deren relative Intensitäten zwar variieren, aber doch meist dem Bild im Spektrum von 3-Chlorpropylbenzol nahe kommen.

7.6 Retro-Diels-Alder-Reaktion

Die Diels-Alder-Reaktion zur Bildung von sechsgliedrigen Ringen auf dem Wege einer 2+4-Cycloaddition steht auch in kondensierter Phase in Konkurrenz zur Rückreaktion, der **Retro-Diels-Alder-Reaktion** (RDA). Diese Spaltung von sechsgliedrigen Ringen mit einer Doppelbindung in ein Alken- und ein Alkadien-Fragment tritt nicht nur bei neutralen Molekülen auf, sondern wird auch bei Ionen entsprechender Struktur beobachtet. Die RDA ist also auch eine massenspektrometrische Fragmentierungsreaktion. Sechsringe mit einer Doppelbindung sind beispielsweise häufige Strukturelemente von Terpenen oder Steroiden. Auch Heteroatome dürfen Teil des sechsgliedrigen Rings sein.

Da die RDA nur unter Neuorientierung der Bindungselektronen erfolgt, bleiben alle am reagierenden System vorhanden Substituenten in ihrer Zuordnung unverändert (Abb. 7.18). Damit besitzt die RDA eine große Bedeutung bei der Strukturaufklärung zahlreicher Naturstoffe. Es ist zu beachten, dass nach RDA sowohl das Alken- als auch das Alkadien-Fragment die Ladung tragen können, wenn auch mit unterschiedlicher Ausprägung. Die Ladung ist bevorzugt am Fragment mit der niedrigeren Ionisierungsenergie lokalisiert, also eher am Alkadien und/oder dort, wo Heteroatome die Ladung stabilisieren.

RDA von Limonen

Das Massenspektrum von Limonen ist von einer Reihe Peaks bei ungeradzahligen m/z-Werten gekennzeichnet. Unter ihnen fällt die RDA auf, weil sie neben dem Molpeak das einzig nennenswerte Signal mit geradem m/z-Wert verursacht. Auch tritt hier der ungewöhnliche, aber keineswegs unmögliche Fall ein, dass beide Produkte die gleiche Masse besitzen. So führt der Verlust von C_5H_8, 68 u, aus dem Molekül-Ion $[C_{10}H_{16}]^{+\bullet}$, m/z 136, zu einem Fragment $[C_5H_8]^{+\bullet}$, m/z 68, gleich welcher Teil des ursprünglichen Moleküls die Ladung übernimmt (Abb. 7.19).

Fragen

Leider fehlt oben ein Zerfallsschema, das die RDA von Limonen zeigt. Es wäre eine gute Übung, dieses selbst zu formulieren. Achten Sie auf die Strukturen der Produkte und bedenken Sie beide Ladungsverteilungen. Betrachten

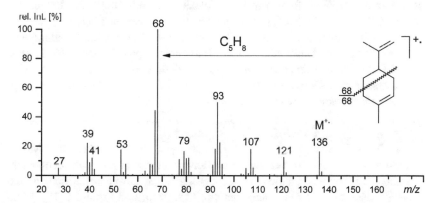

Abb. 7.18 Allgcmciner Mechanismus der Retro-Diels-Alder-Reaktion von Molekül-Ionen. Es werden einfach ausgehend von der Doppelbindung Elektronenpaare reihum verschoben. Bei der RDA entstehen beide Kombinationen von Ion und Neutralteilchen, allerdings oft mit deutlich unterschicdlicher Gewichtung der Anteile

Abb. 7.19 70-eV-EI-Spektrum von Limonen. Als Umlagerungsfragmentierung fällt die RDA dadurch auf, dass sie zum Basispeak bei geradzahligem m/z-Wert führt. Mit freundlicher Erlaubnis von NIST. © NIST 2014

Sie auch die Strukturen der Produkte und entscheiden Sie, welchen Einfluss das für die Ladungsverteilung haben wird.

7.7 Weitere häufige Neutralverluste

Neben der McLafferty-Umlagerung und der RDA gibt es natürlich noch viele weitere Umlagerungsfragmentierungen von Molekül-Ionen und von radikalischen Fragment-Ionen ganz allgemein. Grundsätzlich sind die Eliminierungen aller kleinen stabilen Moleküle thermodynamisch vorteilhaft. So findet man häufig Verlust von Ammoniak (NH$_3$, 17 u), Wasser (H$_2$O, 18 u), Cyanwasserstoff (HCN, 27 u), Ethen (C$_2$H$_4$, 28 u), Formaldehyd (H$_2$CO, 30 u), Methanol (CH$_3$OH, 32 u) etc. aus Molekül-Ionen ebenso wie aus Fragment-Ionen (Tab. 7.2). Die Reaktionen sind so vielfältig wie die Chemie. Es ist daher kaum möglich, sie alle zu besprechen, schon gar nicht im Kontext dieses kompakten Kapitels. Dennoch sollen hier noch einige besonders relevante Reaktionen aufgeführt werden, auch wenn deren Mechanismen nur kurz beleuchtet werden können.

CO-Eliminierung Kohlenmonoxid, CO, ist ein kleines stabiles Molekül, dessen Eliminierung eine thermodynamisch günstige Reaktion ist; wir haben den Verlust von CO schon als eine Folgefragmentierung der Acylium-Ionen kennengelernt. **CO-Eliminierungen** treten auch aus Metallcarbonylen auf, wo sie stufenweise bis hin zum nackten Metall-Kation verlaufen. Beispielsweise findet man im EI-Spektrum von W(CO)$_6$ neben dem Molekül-Ion [W(CO)$_6$]$^{+\bullet}$ alle Fragmente von [W(CO)$_5$]$^{+\bullet}$ über [W(CO)$_4$]$^{+\bullet}$ bis hinunter zu W$^{+\bullet}$. Aber auch bei Phenolen und gemeinhin bei Aliphaten wie auch Alicyclen mit zahlreichen Carbonylgruppen werden CO-Verluste beobachtet. Da die Carbonylgruppe beiderseits Bindungen trägt, ist das „Herausschneiden" eines CO-Moleküls immer mit einer mehr oder weniger komplexen Umlagerungsfragmentierung verbunden. Bei Phenolen erfolgt der CO-Verlust erst nach Tautomerisierung des Molekül-Ions.

Fragmentierung von 2,5-Dimethylbenzochinon

Im 70-eV-EI-Spektrum von 2,5-Dimethylbenzochinon führt das Molekül-Ion zum Basispeak bei m/z 136; offenbar ist das Ion an sich recht stabil (Abb. 7.20). Im Verlauf der Fragmentierung treten abwechselnd oder direkt aufeinander folgend Eliminierungen von CO, 28 u, und Propin, C$_3$H$_4$, 40 u, auf. So führen Umlagerungsfragmentierungen des Molekül-Ions, [C$_8$H$_8$O$_2$]$^{+\bullet}$, entweder unter CO-Verlust zu [C$_7$H$_8$O]$^{+\bullet}$, m/z 108, oder unter Propinverlust zu [C$_5$H$_4$O$_2$]$^{+\bullet}$, m/z 96. Beide Fragment-Ionen können grundsätzlich ihrerseits CO oder Propin eliminieren. So entstehen aus [C$_7$H$_8$O]$^{+\bullet}$, m/z 108, die Fragmente [C$_6$H$_8$]$^{+\bullet}$, m/z 80, und [C$_4$H$_4$O]$^{+\bullet}$, m/z 68, sowie aus [C$_5$H$_4$O$_2$]$^{+\bullet}$, m/z 96, die Ionen [C$_4$H$_4$O]$^{+\bullet}$, m/z 68 (zweiter Weg). Am Ende der Dissoziation stehen die Molekül-Ionen von Propin, m/z 40 und CO, m/z 28 (hier kaum zu sehen).

Fragen

Bei den konkurrierenden und konsekutiven Umlagerungsfragmentierungen von 2,5-Dimethylbenzochinon-Molekül-Ionen werden stets intakte Moleküle eliminiert. Entscheiden Sie, ob die oben besprochenen Fragment-Ionen

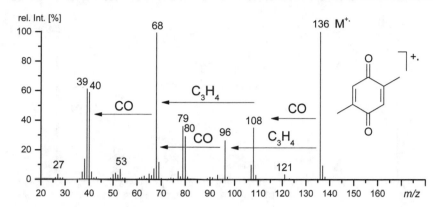

Abb. 7.20 70-eV-EI-Spektrum von 2,5-Dimethylbenzochinon. Es treten abwechselnd oder direkt aufeinander folgend Eliminierungen von CO, 28 u, und Propin, 40 u, auf. Mit freundlicher Erlaubnis von NIST. © NIST 2014

even-electron-Ionen (ee-Ion) oder *odd-electron*-Ionen (oe-Ion) sind. Prüfen Sie auch alle Fragmente mit der Stickstoff-Regel.

Eliminierung von Cyanwasserstoff EI-Spektren aromatischer Heterocyclen zeigen prominente Peaks infolge der Eliminierung von Cyanwasserstoff (HCN, 27 u). Der HCN-Verlust erfolgt oft direkt aus dem Molekül-Ion, manchmal aber auch im Wechsel mit den für Aromaten typischen Ethin-Verlusten. Sind mehrere N-Atome verfügbar, können zusätzliche HCN-Verluste auftreten.

HCN-Eliminierungen

Das EI-Spektrum von 1,7-Phenanthrolin zeigt sehr deutlich Peaks infolge von **HCN-Eliminierungen** (Abb. 7.21). Der erste HCN-Verlust tritt direkt aus dem Molekül-Ion, *m/z* 180, auf, wie an der Differenz von 27 u zum nächsten Peak bei *m/z* 153 leicht zu erkennen ist. Vom Molpeak bei geradzahligem *m/z*-Wert (2 N-Atome) führt der Verlust des N-haltigen Moleküls zum Fragment bei ungeradzahligem *m/z*-Wert. Der zweite HCN-Verlust resultiert dann wieder in einem Peak bei geradzahligem *m/z*-Wert, nämlich bei *m/z* 126. Man beachte, dass auch ein merklicher Peak für ein [M−H]⁺-Ion auftritt. Von diesem Ion ist ebenfalls HCN-Verlust möglich. Die Eliminierung von HCN aus einem N-Atom und der im Ring benachbarten C–H-Gruppe erfolgt durch einfache Neuorientierung der Bindungen.

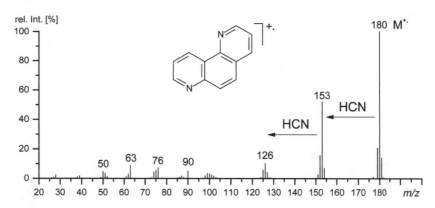

Abb. 7.21 Im 70-eV-EI-Spektrum von 1,7-Phenanthrolin sind die Peaks infolge von HCN-Eliminierungen deutlich ausgeprägt. Mit freundlicher Erlaubnis von NIST. © NIST 2014

Die Peaks im unteren m/z-Bereich haben geringe Intensitäten und erinnern mit m/z 39, 50, 63, 76, 90 an die Reihe der Fragmente aus dem Benzyl-Ion und anderen $[C_7H_7]^+$-Isomeren (m/z 39, 51, 65, 77, 91), passen jedoch nicht exakt. Da im anellierten Molekül nicht genügend H-Atome vorhanden sind, haben die Ionen um ein oder zwei H-Atome verringerte Zusammensetzungen, was zu den „nach unten" verschobenen Signalen führt. Dies ist typisch für kondensierte Ringsysteme und mehrfach substituierte Aromaten.

▶ **Aromatisch oder aliphatisch?** Aromaten, polycyclische Aromaten und entsprechende Heterocyclen bilden resonanzstabilisierte Molekül-Ionen. Ihre EI-Spektren sind deshalb durch intensive Molpeaks und wenig intensive Fragment-Ionen-Peaks gekennzeichnet, d. h., der Schwerpunkt der Signalverteilung liegt bei höheren m/z-Werten. Aliphatische Verbindungen dagegen haben gering stabilisierte Molekül-Ionen, die daher schnell zerfallen und zu intensiven Peaks bei kleineren m/z-Werten führen. So kann uns schon der erste Blick auf das Spektrum eine Idee von der Substanzklasse liefern.

Eliminierung von Isocyanwasserstoff Bei aromatischen Aminen beobachtet man in den EI-Spektren ebenfalls eine Massendifferenz von 27 u, die hier einer Eliminierung von Isocyanwasserstoff, HNC, zugeordnet werden kann (Abb. 7.22). Der Mechanismus dieser Reaktion entspricht dem des CO-Verlustes aus Phenolen und beinhaltet als ersten Schritt eine Tautomerisierung des Molekül-Ions (Abb. 7.23). Dann wird das Molekül eliminiert und es entsteht das Molekül-Ion von Cyclopentadien, *m/z* 66, welches sich durch H•-Verlust zum ee-Ion, *m/z* 65, stabilisiert.

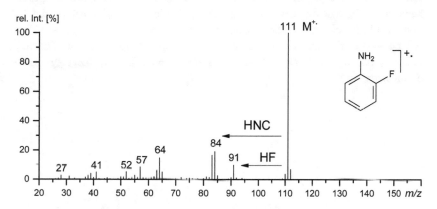

Abb. 7.22 Die Eliminierung von HNC ist im 70-eV-EI-Spektrum von 2-Fluoranilin gut zu erkennen. Mit freundlicher Erlaubnis von NIST. © NIST 2014

Abb. 7.23 Die Eliminierung von HNC aus Anilin erfolgt analog der von CO aus Phenol. Beide führen zum Molekül-Ion von Cyclopentadien

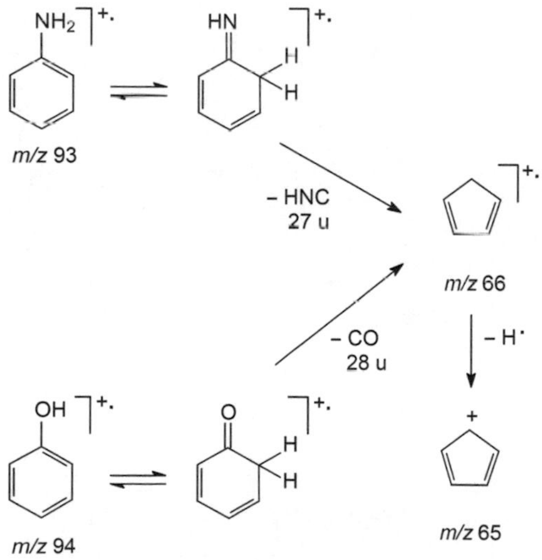

Betrachtet man das Spektrum von 2-Fluoranilin etwas genauer, so fällt zuerst noch der Verlust von HF, 20 u, aus dem Molekül-Ion auf, der zu dem Peak bei *m/z* 91 führt. Dann erkennt man, dass auch vom so gebildeten Fragment-Ion eine HNC-Eliminierung erfolgen kann, was zum Peak bei *m/z* 64 führt. Umgekehrt bewirkt HF-Verlust aus dem Produkt der HNC-Eliminierung ebenfalls die Bildung des Ions bei *m/z* 64. Die Sequenzen $M^{+\bullet} \rightarrow$ *m/z* 91 $\rightarrow$ *m/z* 64 und $M^{+\bullet} \rightarrow$ *m/z* 84 $\rightarrow$ *m/z* 64 sind also verzahnt, und das doppelte Auftreten der Differenz von 27 u bedeutet nicht automatisch, dass zwei Moleküle HNC (oder ggf. HCN) eliminiert werden.

Hochauflösung und exakte Masse

8

8.1 Massenauflösung und Auflösungsvermögen

Bislang haben wir die Spektren alleine anhand der nominellen Massen interpretiert und sind einfach davon ausgegangen, dass benachbarte Peaks schon irgendwie getrennt registriert würden. In Abb. 8.1 ist das gerade so der Fall, denn die Peaks fließen nahe der Basislinie ineinander. Die Qualität der Massentrennung wird als **Massenauflösung** (oder kurz Auflösung, *resolution*, R) bezeichnet, die Fähigkeit eines Analysators eine entsprechende Trennung zu erzielen, heißt **Auflösungsvermögen** (*resolving power*). Man definiert Auflösung, R, bzw. Auflösungsvermögen aus dem Verhältnis der Signalbreite oder eines Massenabstands, Δm, zur Masse, m, bei der dieser Wert erreicht wird:

$$R = m/\Delta m \tag{8.1}$$

Gemeinhin werden Spektren mit Werten von $R < 2000$ als niedrig aufgelöste und solche mit $R > 5000$ als hochaufgelöste Spektren bezeichnet; der Übergangsbereich ist nicht wirklich definiert. Man findet für niedrige Auflösung gelegentlich den Zusatz LR (*low resolution*) und für **Hochauflösung** quasi immer den Zusatz HR (*high resolution*). Galt mit Magnetsektorfeld-Massenspektrometern in den 1980er-Jahren $R = 10.000$ als das Maß aller Dinge in der **HR-MS,** so sind mit modernen Geräten je nach Bauart Werte von $R = 50.000$ bis $> 1.000.000$ erreichbar (Kap. 10).

Zur Bestimmung der Auflösung bzw. des Auflösungsvermögens misst man die Breite eines Signals bei 5 % seiner Intensität. Da sich Intensitäten benachbarter Peaks im Überlappungsbereich addieren, ergibt sich daraus eine Trennung bis auf einen Taleinschnitt von 10 % der Intensität (Abb. 8.1). Man nennt dies die 10 %-Tal-Definition der Auflösung ($R_{10\,\%}$). Bei Peaks mit $\Delta m/z = 1$ ist

© Springer-Verlag GmbH Deutschland, ein Teil von Springer Nature 2019
J. H. Gross, *Massenspektrometrie*, https://doi.org/10.1007/978-3-662-58635-8_8

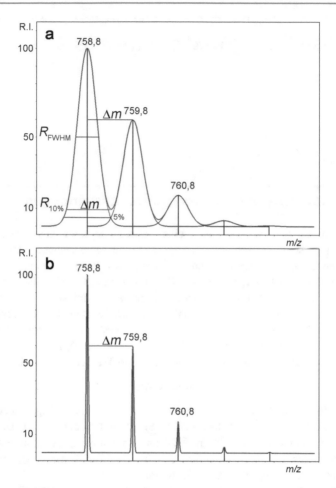

Abb. 8.1 Definition der Auflösung am Beispiel des Isotopenmusters des Molekül-Ions von Tetrapentacontan, $C_{54}H_{110}$. **a** Die Auflösung ist gerade ausreichend zur korrekten Trennung der Peaks ($R_{10\%} = 760$), **b** die Auflösung ist 10-mal höher

der Abstand zwischen den Peaktops gleich der Peakbreite bei 10 % der Intensität. Häufig wird auch die Peakbreite bei halber Höhe als Δm verwendet. Das ist die 50 %-Tal-Definition der Auflösung (*full width at half maximum*, FWHM), mit der man ca. 1,8-mal höhere Werte bei gleicher Peakform errechnet. Um Peaks zu trennen, ist als Auflösungsvermögen immer der Zahlenwert der Masse des Ions erforderlich, d. h. $R_{min} = 1500$ bei 1500 u.

Wie viel Auflösungsvermögen ist nötig?

Wie viel Auflösungsvermögen man wirklich benötigt, hängt stark vom jeweiligen analytischen Problem ab. In der Praxis der HR-MS werden heute Geräte meist mit Werten von $R = 10.000$ bis 100.000 betrieben, was mit Ausnahme eher exotischer Fragstellungen vollkommen ausreicht. Verlässliche exakte Masse kann oft mit $R = 10.000$ realisiert werden, solange die Peakform sauber definiert ist.

8.2 Exakte Masse

Die **exakte Masse** eines beliebigen Isotops ist mit der Ausnahme von ^{12}C, dem Bezugsisotop der Atommassenskala, immer geringfügig verschieden vom nominellen Wert. Beispielsweise ist die exakte Masse von ^1H nicht 1 u sondern 1,007825 u und die von ^{16}O nicht 16 u sondern 15,994915 u. Die Ursache für den **Massendefekt** liegt in der Äquivalenz von Masse und Energie ($E = mc^2$), welche sich darin ausdrückt, dass Isotope mit sehr stabilen Kernen bei ihrer Bildung mehr Energie pro Nukleon freisetzen – und damit an Masse verlieren – als Kerne leichter Elemente. Da man sich auf ^{12}C bezieht, haben die leichteren Elemente mit geringerer Kernbindungsenergie pro Nukleon **exakte Isotopenmassen** leicht über dem nominellen Wert, während schwerere Elemente alle etwas darunter liegen. Die höchste Kernbindungsenergie pro Nukleon wird bei Eisen und Nickel erreicht (ca. 8,7 MeV).

Während die exakte Masse von ^{16}O nur $5,085 \cdot 10^{-3}$ u (5,085 mu) unter dem nominellen Wert liegt, findet man bei ^{127}I mit 126,904468 u eine Abweichung um 95,53 mu (Tab. 8.1). Beim Blick in die Tabelle fällt auf, dass die **relativen Atommassen** im Unterschied von den Isotopenmassen mit unterschiedlicher Zahl von Nachkommastellen gelistet sind. Das liegt daran, dass bei manchen Elementen eine Fluktuation in der natürlichen Isotopenzusammensetzung auftritt (wir hatten das schon beim Kohlenstoff kennengelernt), die eine genauere allgemeingültige Bestimmung verhindert. Die Massen der Isotope dagegen sind absolut unveränderlich.

8.3 Bestimmung von Summenformeln aus exakten Massen

Anfangs sieht das mit der exakten Masse nach unangenehmer Verkomplizierung der MS aus. Bei näherem Hinsehen lässt sich daraus aber immense analytische Information gewinnen. Kombiniert man nämlich Elemente zu Molekülen von

Tab. 8.1 Exakte Atom- und Isotopenmassen einiger häufiger Elemente. (National Institute of Standards and Technology, NIST (http://www.nndc.bnl.gov/masses/))

Element-symbol	Ordnungs-zahl Z	Massenzahl A	Häufigkeit (häufigstes als 100 %)	Isotopen-masse [u]	Relative Atommasse [u]
H	1	1	100	1,007825	1,00795
		2	0,0115	2,014101	
Li	3	6	8,21	6,015122	6,941
		7	100	7,016004	
B	5	10	24,8	10,012937	10,812
		11	100	11,009306	
C	6	12	100	12,000000	12,0108
		13	1,08	13,003355	
N	7	14	100	14,003074	14,00675
		15	0,369	15,000109	
O	8	16	100	15,994915	15,9994
		17	0,038	16,999132	
		18	0,205	17,999161	
F	9	19	100	18,998403	18,998403
Na	11	23	100	22,989769	22,989769
Si	14	28	100	27,976927	28,0855
		29	5,0778	28,976495	
		30	3,3473	29,973770	
P	15	31	100	30,973762	30,973762
S	16	32	100	31,972071	32,067
		33	0,80	32,971459	
		34	4,52	33,967867	
		36	0,02	35,967081	
Cl	17	35	100	34,968853	35,4528
		37	31,96	36,965903	
K	19	39	100	38,963706	39,0983
		40	0,0125	39,963999	
		41	7,2167	40,961826	

(Fortsetzung)

Tab. 8.1 (Fortsetzung)

Element-symbol	Ordnungs-zahl Z	Massenzahl A	Häufigkeit (häufigstes als 100 %)	Isotopen-masse [u]	Relative Atommasse [u]
Br	35	79	100	78,918338	79,904
		81	97,28	80,916291	
I	53	127	100	126,904468	126,904468

verschiedenen Summenformeln, so ergeben sich die exakten Massen der Moleküle je nach Formel geringfügig anders, obwohl deren nominelle Massen identisch sind. Aus der exakten Masse eines Ions kann man daher – zumindest in gewissen Grenzen – die Summenformel ableiten.

Berechnung exakter Ionenmassen Damit man das experimentelle Ergebnis mit dem für eine Formel erwarteten m/z-Wert zuverlässig vergleichen kann, muss man die exakten Massen der Ionen genau ausrechnen. Zunächst einmal sollte man die Isotopenmassen mit mindestens 5 besser aber 6 Nachkommastellen einsetzen, da sich Rundungsfehler bei der Multiplikation massiv auswirken. Dazu ist noch die Masse des Elektrons zu berücksichtigen, denn mit 0,000548 u (0,548 mu) geht sie in der Größenordnung der Messgenauigkeit moderner Geräte in den Wert ein. Man erhält die exakte Masse von Ionen durch Addieren der exakten Isotopenmassen und Subtraktion (positives Ion) bzw. Addition (negatives Ion) der Masse des Elektrons.

Beispielsweise erhält man für Methan-Molekül-Ion, $CH_4^{+\bullet}$, die **nominelle Masse** durch Addieren ganzzahliger Atommassen nach $12\,u + 4 \cdot 1\,u = 16\,u$ und berechnet die **exakte Masse** des Ions nach $12,000000\,u + 4 \cdot 1,007825\,u - 0,000548\,u = 16,030752\,u$. Für ein Anion wie das Acetat, CH_3COO^-, errechnet sich die exakte Masse zu $2 \cdot 12,000000\,u + 3 \cdot 1,007825\,u + 2 \cdot 15,994915\,u + 0,000548\,u = 59,013853\,u$. Nach Abschluss der Rechnung reicht es in der Praxis aus, das Ergebnis auf vier Nachkommastellen zu runden, hier also 16,0308 u für Methan-Molekül-Ion und 59,0139 u für Acetat.

Isobare Ionen mit HR-MS unterscheiden

Bei m/z 32 findet man das Molekül-Ion von Sauerstoff, $^{16}O_2^{+\bullet}$, ebenso wie das von Methanol, $CH_3OH^{+\bullet}$. Man nennt sie daher **isobare Ionen**. Sauerstoff trägt bei EI-MS als Restgas immer zu einem Untergrundsignal bei, das entsprechend bei der Messung von Methanol stört. Bei höherer Auflösung werden die beiden Peaks aber nebeneinander gefunden. Die exakte Masse von $^{16}O_2^{+\bullet}$ beträgt 31,989281 u, die von $CH_3OH^{+\bullet}$ dagegen 32,025666 u. Der Peak des Molekül-Ions von Sauerstoff liegt also bei niedrigerem m/z-Wert. Das minimal erforderliche

Auflösungsvermögen zur Trennung dieser isobaren Ionen errechnet sich einfach nach $R_{min} = 32\ u/(32{,}025666\ u - 31{,}989281\ u) = 880$. Man wird aber nicht $R = 880$ einstellen, sondern wird sich mit der Sicherheit begnügen, dass routinemäßig eingestellte $R = 1000$ oder $R = 2000$ das Problem bequem lösen.

Fragen

Berechnen Sie die exakte Masse des Molekül-Ions von Tetrapentacontan, $C_{54}H_{110}$. Der Richtwert findet sich ja schon in Abb. 8.1. Warum ist der Wert nicht einfach m/z 758, sondern so deutlich höher? Tipp: Ein Blick in Tab. 8.1 hilft für beide Teile der Aufgabe.

Massenkalibrierung Bevor man ein Massenspektrometer verwenden kann, muss man eine **Massenkalibrierung** durchführen. Dies geschieht immer durch das Aufnehmen des Massenspektrums einer **Referenzverbindung** (Massenstandard, Kalibriersubstanz) mit bestens bekannten m/z-Werten der zu verwendenden Ionen. Mithilfe des Datensystems des Gerätes werden die Peaks mit einer gespeicherten Referenzliste abgeglichen und (bei komplizierter Zuordnung ggf. nach manueller Korrektur) verwendet, um die m/z-Skala des Gerätes zu eichen. Erfolgt die Massenkalibrierung *vor* den analytischen Messungen, nennt man das eine **externe Kalibrierung**. Ist der Massenstandard *während* der Messung zusammen mit dem Analyten in der Ionenquelle, so erhält man eine **interne Kalibrierung**. Bei unmittelbarem Wechsel von Kalibrant zu Analyt innerhalb einer Messung spricht man auch von **pseudo-interner Kalibrierung**. Für die erzielbare Massengenauigkeit gilt gewöhnlich die Abstufung externe Kalibrierung < pseudo-interne Kalibrierung < interne Kalibrierung.

In der EI-MS werden meist Perfluorkerosin (PFK, Gemisch aus perfluorierten Alkanen) oder Perfluortributylamin (PFTBA, FC43) als Kalibriersubstanzen verwendet. Beide sind hoch siedende Flüssigkeiten, die man im Referenzeinlass noch verdampfen kann, um sie über ein Nadelventil dosiert in die Ionenquelle zu leiten. PFTBA und PFK liefern Spektren mit zahlreichen, gleichmäßig über den m/z-Bereich verteilten Signalen. PFTBA reicht bis m/z 614, PFK deckt je nach Mischung m/z 800 bis m/z 1000 ab (Abb. 8.2).

Fragen

Im EI-Spektrum von PFK findet man quasi ausnahmslos Fragment-Ionen von PFK, wie sich an den ungeraden m/z-Werten leicht erkennen lässt (Abb. 8.2). Im unteren m/z-Bereich brechen jedoch zwei Signale bei m/z 28 und m/z 32 aus der Reihe. Was verursacht diese allgegenwärtigen Peaks?

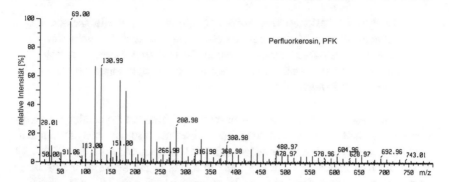

Abb. 8.2 Das EI-Spektrum von PFK zeigt gleichmäßig über den ganzen *m/z*-Bereich verteilte Signale. Dieses Spektrum ist auch ein Beispiel für die manchmal recht willkürlich erscheinende Beschriftung von Peaks durch Datensysteme. Diese erfolgt selten nach inhaltlichen Kriterien und weist schon gar nicht zwingend auf relevante Peaks im Spektrum hin

Auflösung und Massenkalibrierung für exakte Masse Hohe Auflösung trennt Isotopenmuster zunehmend feiner auf und schmale Peaks verbessern naturgemäß die Bestimmung der Zentroide, wodurch hohe Auflösung grundsätzlich zu einer genaueren Bestimmung der Ionenmasse beiträgt. Trotzdem ergibt hohe Auflösung alleine noch keine exakte Masse, denn entscheidend ist die Qualität der Massenkalibrierung. Beispielsweise ist ein Peak bei *m/z* 500 und $R = 10.000$ immer noch 0,05 u breit, und die Bestimmung der Zentroide ist auf wenige Prozent der Peakbreite nötig, um die Masse auf 0,001–0,003 u zu messen. Daher ist auch die Signalform wichtig, denn ein sehr schmales aber verrauschtes Signal kann zu einer deutlich schlechteren Bestimmung der Position des Peaks auf der *m/z*-Achse führen als ein etwas breiteres, dafür aber sauber definiertes Signal.

Relative und absolute Massengenauigkeit Die Massengenauigkeit ist relevant für die Ermittlung der Summenformel aus einer exakten Masse. Man definiert die **absolute Massengenauigkeit** in Atommassen oder $\Delta m/z$ und die **relative Massengenauigkeit** in Bruchteilen der Masse; meist angegeben in Parts-per-Million (ppm). Die absolute Massengenauigkeit hochauflösender Massenspektrometer liegt heute oft bei 1–3 mu, die relative Massengenauigkeit bei 1–5 ppm. Allerdings bleibt die absolute Massengenauigkeit über einen großen Bereich recht konstant, während der Zahlenwert der relativen Massengenauigkeit linear von der Masse abhängt. So entsprechen ±2 mu einer Abweichung von 2 ppm bei *m/z* 1000, 20 ppm bei *m/z* 100 und „unschönen" 100 ppm bei *m/z* 20.

▶   **Gerätespezifikationen** Das Auflösungsvermögen und die Massen-
    genauigkeit von Massenspektrometern werden typischerweise für
    Ionen um *m/z* 700 spezifiziert, da die Geräte in diesem Bereich optimal
    arbeiten und die relative Massengenauigkeit in ppm einen attraktiv
    kleinen Zahlenwert liefert.

Aufspaltung von Isotopenmustern In unserer einführenden Behandlung der Isotopenmuster hatten wir die Beiträge der einzelnen isotopischen Zusammensetzungen auf denselben nominellen *m/z*-Wert addiert (Abschn. 5.5). Dies ist
in den meisten Fällen eine korrekte Vorgehensweise. Bei sehr hoher Auflösung
kommt es zu einer Aufspaltung der Isotopenmuster in nebeneinander stehende
Peaks, da sich die exakten Massen der unterschiedlich zusammengesetzten Ionen
ein wenig unterscheiden. Dadurch verändert sich einerseits das Bild des Isotopenmusters, andererseits werden die individuellen Beiträge der beteiligten Elemente
teilweise klar sichtbar. Ionen chemisch gleicher Summenformel aber unterschiedlicher isotopischer Zusammensetzung heißen **isotopologe Ionen.**

Schwefel im hochaufgelösten Isotopenmuster erkennen
Bei sehr hoher Auflösung wird der [M+2]-Peak des [M−H]$^-$-Ions einer aro-
matischen Sulfonsäure, [C$_{15}$H$_{23}$O$_3$S]$^-$, aufgetrennt in einen Anteil durch
Ionen mit ^{34}S und einen Anteil durch Ionen mit ^{13}C$_2$ (Abb. 8.3). Während

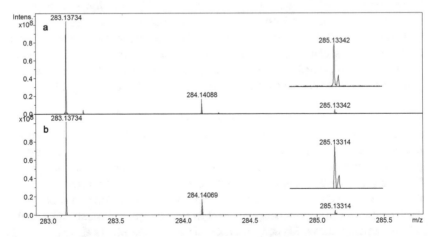

Abb. 8.3 Gespreiztes Signal von [C$_{15}$H$_{23}$O$_3$S]$^-$, wie es **a** im negativ-Ionen Elektro-
spray-FT-ICR-Spektrum einer aromatischen Sulfonsäure erhalten wurde und **b** berechnetes
Isotopenmuster bei $R = 40.000$. Das [M+2]-Ion zeigt Aufspaltung in eine Komponente
durch ^{34}S, *m/z* 285,1334, und eine durch ^{13}C$_2$, *m/z* 285,1443. Für bessere Erkennbarkeit
sind die Peaks der isotopologen Ionen zusätzlich vergrößert dargestellt

der ^{34}S-Anteil am Signal im Falle einer Überlagerung oft nicht ganz eindeutig ausgemacht werden kann, ist nun der Peak bei m/z 285 mit 4,5 % der Intensität des monoisotopischen Ions ein klarer Beleg für Schwefel als Teil der Summenformel (Tab. 8.1). Zur Identifizierung muss man natürlich die Massendifferenz der isotopologen Ionen und deren relative Lage im Spektrum kennen. Wir vergleichen dazu $\Delta m/z$ zum monoisotopischen Ion, wie es sich einmal durch ^{13}C$_2$ und einmal durch ^{34}S ergibt. Man findet für ^{13}C$_2$ aus der Massendifferenz von ^{12}C zu ^{13}C den Wert $2 \cdot 1,0033$ u $= 2,0066$ u, und für ^{34}S erhält man $33,9679$ u $- 31,9721$ u $= 1,9958$ u. Die beiden Peaks haben also $\Delta m/z = 0,0109$ und das Ion mit ^{34}S tritt bei kleinerem m/z-Wert auf. Bei m/z 285 reicht zur Trennung eine Auflösung von $285/0,0109 = 26.146$.

Information durch Nutzung exakter Massendifferenzen In Spektren mit exakten Massen sind auch die Massendifferenzen exakt und können effizient zur Gewinnung analytischer Information genutzt werden. Es lohnt daher, sich eine Tabelle mit den exakten Massen gängiger kleiner Moleküle und diverser funktioneller Gruppen zu erstellen. Auch gängige Adukte, wie wir sie noch bei den sanften Ionisationsmethoden kennenlernen werden (Kap. 9), sind durch ihre Massendifferenzen gut zu erkennen. Die Massendifferenz zwischen einem [M+H]$^+$-Ion und einem [M+NH$_4$]$^+$-Ion beträgt z. B. charakteristische 17,0265 u. Doch auch die Massendifferenzen zwischen Isotopenpeaks sind sehr aufschlussreich; die Differenz von ^{34}S zu ^{13}C$_2$ haben wir gerade verwendet. Der ^{13}C-Peak ist um $\Delta m/z = 1,0033$ vom monoisotopischen Ion verschieden, der durch Bildung eines [M+H]$^+$-Ions aber um $\Delta m/z = 1,0078$. Eine Hydrierung bringt $2 \cdot 1,0078$ u $= 2,0156$ u ins Molekül, handelt es sich dagegen um ein Cl-Isotopenmuster, beträgt der Unterschied nur 1,9970 u (Tab. 8.2). Dieser Ansatz hat seine Grenzen, wenn beispielsweise zwischen einer Formel mit CuCl$_2$ und

Tab. 8.2 Exakte Massendifferenzen zwischen Isotopen zur Identifizierung von Elementen

Leichtes Isotop, m [u]	Schweres Isotop, m [u]	Δm [u]
^{1}H, 1,0078	^{2}H (D) 2,0141	1,0063
^{10}B, 10,0129	^{11}B, 11,0093	0,9964
^{12}C, 12,0000	^{13}C, 13,0033	1,0033
^{32}S, 31,9721	^{34}S, 33,9679	1,9958
^{35}Cl, 34,9689	^{37}Cl, 36,9659	1,9970
^{79}Br, 78,9183	^{81}Br, 80,9163	1,9980
^{63}Cu, 62,9296	^{65}Cu, 64,9278	1,9982
^{191}Ir, 190,9606	^{193}Ir, 192,9629	2,0023

einer mit Cu_2Cl unterschieden werden müsste, zumal auch die Isotopenmuster beider Elemente recht ähnlich sind.

Automatisch generierte Formellisten Mit den Datensystemen von Massenspektrometern kann man, nachdem man interessierende Peaks im Spektrum markiert hat, sehr schnell Listen von Formelvorschlägen erstellen. Solange in den Molekülen nur C, H, N und O vorkommen, geht das sehr einfach und zuverlässig. Kommen aber weitere Elemente hinzu, müssen diese explizit zur Generierung der Liste angegeben werden. Erst wenn erkannt ist, dass S, Si, Cl, Br oder sonstige Elemente zu erwarten sind, kann dieser Schritt korrekt erfolgen. Daher muss man bereits vor der Erstellung solcher Listen ein gewisses Maß an Interpretation hineinstecken, um die Randbedingungen korrekt zu definieren. Bei komplexen Formeln mit mehreren Heteroatomen und insbesondere bei der Kombination von Cl oder Br mit diversen Metallen kann das recht diffizil werden. Macht man zu viele Vorgaben über Art und Anzahl der jeweiligen Atome, wird die korrekte Formel ggf. vorab ausgeschlossen, macht man zu wenige, können ellenlange Listen entstehen. Auch das gerade anzuwendende Fehlerintervall bestimmt den Umfang der Liste, da in einem 2-ppm-Fenster natürlich viel weniger Formeln infrage kommen als in einem von 5 ppm oder gar 10 ppm.

Es ist auch keineswegs sinnvoll, den Formelvorschlag mit der kleinsten Abweichung von gemessener und berechneter Masse als richtig anzunehmen. Vielmehr sind alle Formeln innerhalb des Fehlerintervalls in Betracht zu ziehen. Oft lassen sich aber Formeln ausschließen, da sie chemisch sinnlosen Zusammensetzungen entsprächen oder anderweitig den Valenzregeln widersprechen. Jedenfalls sind chemisches Vorwissen über die Probe und Verstand immer noch gefragt, wenn eine Formel korrekt ermittelt werden soll.

Summenformel einer unbekannten Substanz

Im DART-Spektrum (DART: direct analysis in real time) einer unbekannten Substanz treten zwei Signalgruppen auf. Für die Peaks der monoisotopischen Ionen bei *m/z* 403,2325 und 420,2592 wurden mit dem Datensystem Summenformellisten erstellt, für die beliebige Anzahlen von C, H, N und O erlaubt und ein Fehlerintervall von 3 ppm gesetzt waren. Die Massendifferenz zwischen den Peaks beträgt 17,0267 u, was eine Zuordnung zu einem $[M+H]^+$-Ion und einem $[M+NH_4]^+$-Ion der Verbindung absichert. Da der *m/z*-Wert ungerade ist, müssen bei einem $[M+H]^+$-Ion nach der Stickstoff-Regel 0, 2, 4, … N-Atome vorkommen, womit nur die Formeln $[C_{17}H_{27}N_{10}O_2]^+$ und $[C_{20}H_{35}O_8]^+$ infrage kommen. Alleine für Letztere findet man die zugehörige Formel eines $[M+NH_4]^+$-Ions als $[C_{20}H_{38}NO_8]^+$. Das lässt den Schluss zu,

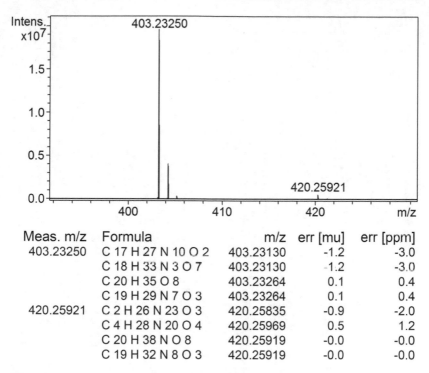

Meas. m/z	Formula	m/z	err [mu]	err [ppm]
403.23250	C 17 H 27 N 10 O 2	403.23130	-1.2	-3.0
	C 18 H 33 N 3 O 7	403.23130	-1.2	-3.0
	C 20 H 35 O 8	403.23264	0.1	0.4
	C 19 H 29 N 7 O 3	403.23264	0.1	0.4
420.25921	C 2 H 26 N 23 O 3	420.25835	-0.9	-2.0
	C 4 H 28 N 20 O 4	420.25969	0.5	1.2
	C 20 H 38 N O 8	420.25919	-0.0	-0.0
	C 19 H 32 N 8 O 3	420.25919	-0.0	-0.0

Abb. 8.4 Partielles Spektrum mit zwei Signalgruppen und Formelvorschlägen. Für die Peaks bei *m/z* 403,2325 und 420,2592 wurden Summenformellisten erstellt. Darin sind von links nach rechts die experimentellen *m/z*-Werte, im Fehlerintervall von 3 ppm vorgeschlagene Formeln, die dafür berechneten *m/z*-Werte sowie die absoluten Fehler in mu und die relativen in ppm aufgeführt

dass das unbekannte Molekül die Formel $C_{20}H_{34}O_8$ besitzt. Ohne die kurze Argumentationskette hätten wir aber auch keine Möglichkeit gehabt, uns zwischen den vier Formelvorschlägen zu entscheiden. Trotzdem, über die Struktur des Moleküls wissen wir noch nichts. Wir werden später daran weiterarbeiten (Abb. 8.4).

Ionisationsmethoden

9

Es existiert eine Vielzahl von **Ionisationsmethoden** in der Massenspektro-metrie, mit denen sich die unterschiedlichsten Proben analysieren lassen. Für alle Anforderungen wie die Analyse von Gasen, Flüssigkeiten und Feststoffen, von Steinen und Metallen ebenso wie von synthetischen Polymeren oder Biomakro-molekülen verfügt die MS über spezielle Ionisationsmethoden.

Zur Bestimmung von Elementen aus anorganischen Proben wie Metal-len, Metalloxiden oder Gesteinen braucht man Verfahren, die das Material in seine atomaren Bestandteile zerlegen. Dazu gehören Ionenquellen für **Thermi-sche Ionisation** (*thermal ionization,* TI), **Funkenionisation** (*spark source,* SS), **induktiv-gekoppeltes Plasma** (*inductively-coupled plasma,* ICP) und **Glimm-entladung** (*glow discharge,* GD). Solche Spektren zeigen direkt die Atom-Ionen der untersuchten Materialien, geben aber fast keine Hinweise mehr auf vorherige chemische Bindungsverhältnisse. Auf die Methoden der **Element-Massen-spektrometrie** (auch Anorganische Massenspektrometrie genannt) einzugehen, würde aber den Rahmen des Kapitels sprengen [9, 11, 22, 23]. Wir beschränken uns daher nachfolgend auf die Methoden zur Analyse von molekularen Ver-bindungen im weitesten Sinn.

Liefern uns Fragmentierungsreaktionen einerseits Strukturinformation, so definiert die harte Ionisation unter EI-Bedingungen auch die Grenzen der Methode. Nicht alle Substanzen sind unzersetzt verdampfbar, selbst wenn der Übergang in die Gasphase aufgrund der Siedepunkt- oder Sublimationspunkt-erniedrigung im Hochvakuum deutlich vereinfacht ist. Auch das Risiko oxidati-ver Zersetzung ist natürlich minimiert. Trotzdem werden Alternativen gebraucht, um nicht unzersetzt verdampfbare Proben zu untersuchen. Zudem wäre es vor-teilhaft, das Ausmaß der Fragmentierung zu begrenzen oder gar die Fragmentie-rung ganz zu unterbinden. Dann könnte man auch komplexere Gemische direkt

© Springer-Verlag GmbH Deutschland, ein Teil von Springer Nature 2019
J. H. Gross, *Massenspektrometrie,* https://doi.org/10.1007/978-3-662-58635-8_9

massenspektrometrisch analysieren, da alle Signale im Spektrum durch Molekül-Ionen verursacht wären.

Was aber macht eine **sanfte Ionisation** (*soft ionization*) aus? Es gilt einerseits die beim Ionisationsprozess übertragene Energie zu begrenzen, um die Überschussenergie der frisch gebildeten Ionen unterhalb der Aktivierungsenergie für Fragmentierungsreaktionen zu halten. Andererseits ist das Problem des zersetzungsfreien Übergangs in die Gasphase zu lösen.

Für kleine Moleküle haben wir neben der **Elektronenstoßionisation** (*electron ionization*, EI) noch die **Chemische Ionisation** (*chemical ionization*, CI) oder **Feldionisation** (*field ionization*, FI). Die Ionisation wird von EI über CI zu FI zunehmend sanfter und damit fragmentierungsärmer. Dennoch setzen diese Methoden eine Verdampfbarkeit der Proben im Hochvakuum voraus, die in der Anwendung oft limitierend ist.

Es gibt allerdings besonders sanfte Ionisationsmethoden, bei denen die Analyt-Moleküle in der kondensierten Phase „abgeholt" werden – man spricht von **Desorption/Ionisation.** Wenn Ionisation und Freisetzung in die Gasphase in einem Prozess vereint sind, entfällt ein äußerst kritischer Schritt, sodass selbst labile Moleküle unzersetzt untersucht werden können. In den 1980er-Jahren waren **Fast Atom Bombardment** (*fast atom bombardment*, FAB) und **Felddesorption** (*field desorption*, FD) bestimmend. Heute werden überwiegend **Elektrospray-Ionisation** (*electrospray ionization*, ESI) und **Matrix-unterstützte Laserdesorption/Ionisation** (*matrix-assisted laser desorption/ionization*, MALDI) eingesetzt. Speziell ESI und MALDI brachten den Durchbruch der MS in die biochemische und medizinische Forschung, wo man nun Stoffwechselprozesse auf Zellebene analysiert, Erbinformation entschlüsselt oder Angriffsmechanismen von Krankheitserregern untersucht. Dafür sind Proteine und Peptide, Oligosaccharide und Lipide, Nukleinsäuren u. v. m. massenspektrometrisch zu analysieren. In Kombination mit chromatographischen Techniken zur Aufreinigung und Trennung von komplexen Gemischen bieten ESI-MS und MALDI-MS diese Möglichkeiten.

Die Entwicklung von Ionisationsmethoden hält an. Mit **Desorptions-Elektrospray Ionisation** (*desorption elektrospray ionisation*, DESI) **Direct Analysis in Real Time** (*direct analysis in real time*, DART) und weiteren Methoden der **MS unter Umgebungsbedingungen** (*ambient MS*) gelingt es, Stoffe auf Oberflächen zu charakterisieren, indem man die Probe einfach bei atmosphärischen Bedingungen vor die Ionenquelle platziert. Das ist zur schnellen Qualitätskontrolle ebenso interessant wie für die Sprengstoff- oder Drogendetektion auf Gepäck, Kleidung oder Frachtstücken.

9.1 Chemische Ionisation

Im Unterschied zur EI werden bei der **Chemischen Ionisation** (CI) die Analyt-moleküle nicht direkt durch Beschuss mit energetischen Elektronen ionisiert, sondern infolge von Ion–Molekül-Reaktionen „indirekt" mit einer Ladung versehen. Die benötigten **Reaktand-Ionen** werden ihrerseits durch EI aus einem **Reaktandgas** erzeugt. Die Bezeichnung Chemische Ionisation kommt also daher, dass eine chemische Reaktion zwischen einem Ion und einem neutralen Analytmolekül zur Ionisation des Analyten führt. Verlaufen die Prozesse unter EI-Bedingungen streng unimolekular, so spielen in der CI **bimolekulare Reaktionen** die tragende Rolle. Für bimolekulare Prozesse müssen die Reaktionspartner effektiv in Kontakt gebracht werden, was durch zahlreiche Stöße in der Gasphase erreicht wird. Dazu stellt man den Partialdruck des Reaktandgases in der Ionenquelle 100- bis 1000-mal höher als den des Analyten ein. Dies bewirkt auch eine effektive Abschirmung des Analyten von den energetischen Elektronen, denn diese haben rein statistisch kaum eine Chance, ein Analytmolekül direkt zu treffen. Bei einem in der CI üblichen Druck von wenigen Millibar im Ionisationsvolumen treten ca. 30–70 Stöße pro Mikrosekunde auf.

Eine Ionenquelle für Chemische Ionisation unterscheidet sich von einer EI-Quelle durch ein dichteres Ionisationsvolumen und eine Zuleitung für das Reaktandgas (Abb. 9.1). Durch die auf ein Minimum begrenzten Öffnungen kann

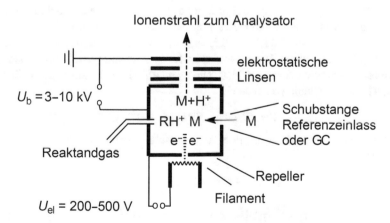

Abb. 9.1 Ionenquelle für Chemische Ionisation. Die Konstruktion unterscheidet sich von der EI-Quelle hauptsächlich durch ein dichteres Ionisationsvolumen und eine Zuführung von Reaktandgas

der Reaktandgasdruck im Ionisationsvolumen hoch gehalten werden, ohne das Vakuum im umgebenden Ionenquellengehäuse zu stark zu beeinträchtigen. Die Primärelektronen werden meist mit 200 eV oder gar 500 eV verwendet, um in der dichteren Gasphase das Reaktandgas effektiver zu ionisieren. Häufig werden auch kombinierte EI/CI-Quellen verwendet, deren Ionisationsvolumen für den CI-Modus mit einer einschiebbaren Hülse dichter gemacht wird. Man kann damit schnell zwischen den beiden Ionisationsmethoden umschalten.

Positiv-Ionen Chemische Ionisation Positive Analyt-Ionen (*positive-ion chemical ionization*, PICI) können durch vier verschiedene Prozesse entstehen: **Protonierung, elektrophile Addition, Anion-Abstraktion** und **Ladungsübertragung** [24].

$$M + [BH]^+ \rightarrow [M+H]^+ + B \qquad (9.1)$$

$$M + X^+ \rightarrow [M+X]^+ \qquad (9.2)$$

$$M + X^+ \rightarrow [M-A]^+ + AX \qquad (9.3)$$

$$M + X^{+\bullet} \rightarrow M^{+\bullet} + X \qquad (9.4)$$

Die bekannteste Reaktion der CI ist sicherlich die Protonierung des Analyten, welche zu $[M+H]^+$-Ionen, d. h. zu protonierten Molekülen, führt.

Methan, CH_4, war das erste Reaktandgas der CI-MS. Unter CI-Bedingungen bildet es hauptsächlich protoniertes Methan, CH_5^+, *m/z* 17. Daneben treten als Reaktand-Ionen noch $C_2H_5^+$, *m/z* 29, und etwas $C_3H_5^+$, *m/z* 41, im CI-Plasma auf. Die Bildung dieser Ionen kann man leicht nachvollziehen, wenn man die Prozesse schrittweise betrachtet. Zunächst sind alle durch EI aus CH_4 gebildeten Ionen in der CI-Quelle vorhanden:

$$CH_4 + e^- \rightarrow CH_4^{+\bullet}, CH_3^+, CH_2^{+\bullet}, CH^+, C^{+\bullet}, H_2^{+\bullet}, H^+ \qquad (9.5)$$

Diese Ionen können dann mit dem im Überschuss vorhandenen neutralen CH_4 reagieren:

$$CH_4^{+\bullet} + CH_4 \rightarrow CH_5^+ + CH_3^\bullet \qquad (9.6)$$

$$CH_3^+ + CH_4 \rightarrow C_2H_7^+ \rightarrow C_2H_5^+ + H_2 \qquad (9.7)$$

$$CH_2^{+\bullet} + CH_4 \rightarrow C_2H_4^{+\bullet} + H_2 \qquad (9.8)$$

$$CH_2^{+\bullet} + CH_4 \rightarrow C_2H_3^+ + H_2 + H^\bullet \qquad (9.9)$$

$$C_2H_3{}^+ + CH_4 \rightarrow C_3H_5{}^+ + H_2 \tag{9.10}$$

$$C_2H_5{}^+ + CH_4 \rightarrow C_3H_7{}^+ + H_2 \tag{9.11}$$

▶ **CI-Plasma** Die Gesamtheit aller in der CI-Quelle aus dem Reaktand-gas gebildeten Spezies wird auch als **CI-Plasma** bezeichnet, da außer neutralen Molekülen auch Ionen, freie Radikale und Elektronen vor-liegen. Es hängt stark von den Eigenschaften des Analyten (Protonen-affinität, Ionisierungsenergie, Azidität, Elektronenaffinität) ab, welcher der Prozesse (Reaktion 9.1 bis 9.4) überwiegt. Natürlich hat auch die Zusammensetzung des CI-Plasmas bzw. die Wahl des Reaktandgases deutlichen Einfluss auf den Ionisationsprozess.

Neben Methan werden für PICI häufig die Reaktandgase Isobutan und Ammo-niak verwendet. Isobutan bildet unter CI-Bedingungen hauptsächlich das *tert.*-Butyl-Ion, $C_4H_9{}^+$, m/z 57, das die Analytmoleküle weniger exotherm als $CH_5{}^+$ protoniert. Dadurch sind Isobutan-CI-Spektren fragmentierungsärmer als solche mit Methan. Ammoniak bildet unter CI-Bedingungen zunächst $NH_4{}^+$, m/z 18, und dann $[NH_4(NH_3)_n]^+$-Ionen. Wegen seiner Unfähigkeit andere als sehr basische Moleküle zu protonieren, führt Ammoniak via elektrophiler Addition meist zu $[M+NH_4]^+$-Ionen.

CI versus EI im Falle von Polyethylenglycol

Die Sanftheit der CI kann man gut am Vergleich der Positiv-Ionen-Iso-butan-CI- und 70-eV-EI-Spektren von Polyethylenglycol 400 (PEG400), $HO(CH_2CH_2O)_nH$, erkennen (Abb. 9.2). Im CI-Spektrum treten quasi nur $[M+H]^+$-Ionen der einzelnen Oligomere auf, die bis $n = 12$ gut zu erkennen sind. Typisch für alle PEGs sind die Signalabstände von $\Delta m/z = 44$ für die Repetiereinheit CH_2CH_2O. Im EI-Spektrum tritt dagegen eine sehr starke Fragmentierung auf, die zu Oxonium-Ionen führt und jede Erkennung der Molekülmassen verhindert.

Negativ-Ionen Chemische Ionisation Negativ-Ionen CI (*negative-ion chemical ionization,* NICI) zu verwenden bietet sich für azide (saure) Analyte an, d. h., wenn die Moleküle leicht zu deprotonieren sind. Das trifft auf Carbonsäuren und Sulfonsäuren, aber auch auf Imide oder Phenole zu. Die Deprotonierung liefert $[M-H]^-$-Ionen:

$$M + X \rightarrow [M-H]^- + [XH]^+ \tag{9.12}$$

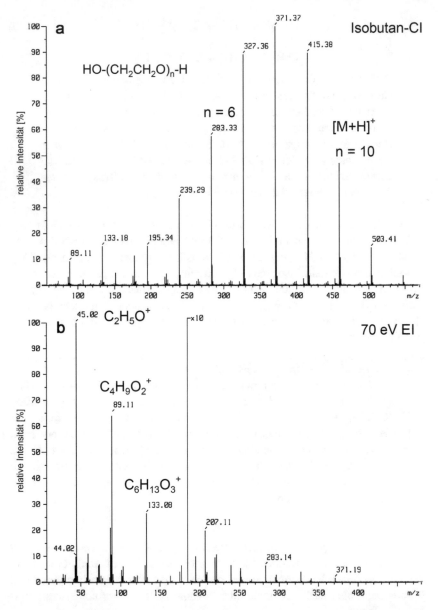

Abb. 9.2 Vergleich von Positiv-Ionen-Isobutan-CI- und 70-eV-EI-Spektren von Polyethylenglycol 400. Im CI-Spektrum treten quasi nur [M+H]⁺-Ionen der einzelnen Oligomere auf, während im EI-Spektrum sehr starke Fragmentierung jede Erkennung der Molekülmassen verhindert

Ein anderer Weg zur Bildung negativer Ionen steht Analyten offen, die leicht ein Elektron aufnehmen können. Dann findet Elektroneneinfang (*electron capture*, EC) statt, allerdings nur, wenn in der Gasphase thermische Elektronen vorliegen. Unter CI-Bedingungen ist das der Fall, da das Reaktandgas einfach als Elektronenmoderator wirkt:

$$M + e^- \rightarrow M^{-\bullet} \tag{9.13}$$

EC ist vor allem bei (mehrfach) halogenierten und/oder nitrierten Verbindungen sehr effektiv, da diese Moleküle eine hohe Elektronenaffinität besitzen. Durch EC werden Radikal-Anionen, $M^{-\bullet}$, gebildet, d. h. negative Molekül-Ionen. Auch in der NICI ist das Ausmaß an Fragmentierung generell sehr gering.

9.2 Feldionisation und Felddesorption

Bei der **Feldionisation** (*field ionization*, FI) nutzt man extrem hohe elektrische Feldstärken dazu, ein Elektron von einem Atom oder Molekül abzuziehen, wodurch daraus ebenfalls Molekül-Ionen, $M^{+\bullet}$, entstehen. Damit der Prozess der Feldionisation effektiv abläuft, werden Feldstärken von $>10^8$ V m^{-1} (>1 V Å^{-1}) benötigt. Das ist mit Spannungen von 10–12 kV zu erreichen, wenn eine der Elektroden, der **Feldemitter**, sehr scharfe Spitzen aufweist. Wie vom Blitzableitereffekt her bekannt, führen kleine Rundungsradien zu einer starken Erhöhung der lokalen elektrischen Feldstärke, ohne dass dafür die Spannung erhöht werden müsste. In die Ionenquelle wird der Emitter auf einer Schubstange fixiert eingebracht (Abb. 9.3). Zwischen Emitter (Anode) und einer Gegenelektrode (Kathode) liegt die Hochspannung für den Ionisationsprozess an.

Feldemitter
Entdeckt wurde der Prozess der Feldionisation an durch Ätzung hergestellten Wolframspitzen. Heute werden ausschließlich **aktivierte Emitter** verwendet, die man durch Aufwachsen von Dendriten auf Wolframdrähten von 10–13 µm Stärke erzeugt. Das gelingt durch gerichtete pyrolytische Abscheidung von Kohlenstoff aus aromatischen Kohlenwasserstoffen im elektrischen Feld. So erhält man mikroskopisch kleine Wolframcarbid-Nadeln und verwandelt den feinen W-Draht in einen mit zehntausenden Dendriten besetzten (sehr fragilen) Feldemitter.

Der Begriff **Feldionisation** (FI) wird für den *Ionisationsprozess* selbst und auch für die *Ionisationsmethode* verwendet, bei der FI von Molekülen in der Gasphase erfolgt. Die Substanzen müssen für FI ebenso wie bei EI oder CI extern verdampft werden, was das Einsatzgebiet der FI begrenzt. Trotzdem ist FI eine sehr sanfte Methode, die oft fragmentierungsfreie Spektren liefert.

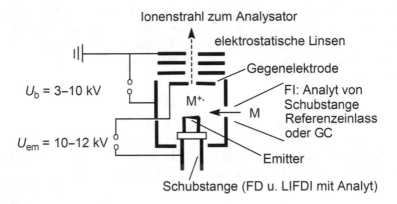

Abb. 9.3 Ionenquelle für FI, FD und LIFDI. In der Quelle befindet sich der aktivierte Emitter am Ende einer Schubstange so positioniert, dass im FI-Betrieb extern zugeführte Analytmoleküle über den Emitter strömen oder auch Substanz auf dem Emitter bei FD bzw. LIFDI ionisiert und in die Ionenoptik desorbiert werden kann

Noch besser ist es, die Substanz direkt auf den Emitter aufzutragen, was wegen der fragilen Emitter aber etwas präparatives Geschick verlangt. Mit Übung lässt sich ein kleiner Tropfen der Analytlösung sicher auf dem Emitter platzieren, wo nach Verdunsten des Lösemittels ein dünner Film (0,01–0,2 µg) zurückbleibt (Abb. 9.4). Dann wird der Emitter auf einer Schubstange in die Quelle eingebracht, wo das elektrische Feld die Bildung der Analyt-Ionen durch den FI-Prozess bewirkt. Dieses Verfahren ist als **Felddesorption** (*field desorption, FD*) bekannt. FD kann aber nicht nur für unpolare neutrale Analyte verwendet werden, sondern eignet sich auch für mittel- bis hochpolare und sogar ionische Verbindungen. FD ist als eine „Molekül-Ionen-Technik" auch für komplexe Gemische unpolarer Verbindungen, wie sie z. B. in der Mineralölindustrie anfallen, gut geeignet [25, 26].

Bei der **Liquid Injection Field Desorption/Ionization** (LIFDI) wird der Emitter direkt im Hochvakuum der Ionenquelle beladen. Dazu wird die Probenlösung (0,1–0,2 mg mL^{-1}) durch eine dünne Kapillare vom Vakuum der Ionenquelle angesaugt, sobald man das freie Ende der Kapillare in die Lösung eintaucht. Ein Tropfen fließt dann auf den Emitter, wo das Lösemittel im Vakuum schnell verdampft (Abb. 9.4). Man kann die Analytlösung unter inerten Bedingungen halten, indem man ein Gläschen mit Septumkappe verwendet und die Transferkapillare einsticht. Mit LIFDI ist es daher möglich, selbst hoch

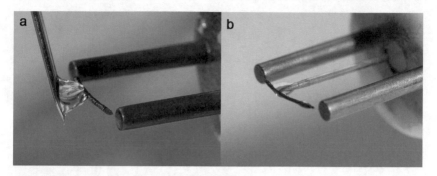

Abb. 9.4 Emitterbeladung. **a** Manuelles Auftragen bei FD mit einer Mikroliterspritze, **b** Auftragen mittels einer fixierten Transferkapillare von der „Rückseite". Die Beladung des Emitters erfolgt bei LIFDI normalerweise natürlich im Vakuum der Ionenquelle

reaktive Metallkomplexe etc. unter Ausschluss von Wasser und Sauerstoff zu analysieren.

▶ **Desorption/Ionisation** Mit der Einführung der FD-MS wurde der Übergang von Methoden mit externer Verdampfung zu Desorptions-/Ionisationsmethoden vollzogen. Diese Zusammenführung in ein Ereignis trägt immens zur Sanftheit des Gesamtprozesses bei.

LIFDI-Spektrum von Pentafluoriodbenzol

FD, hier in der konstruktiven Variante LIFDI, liefert meist Spektren ohne Fragmentierung. Das LIFDI-Spektrum von Pentafluoriodbenzol zeigt exemplarisch diese Charakteristik von FD bzw. LIFDI (Abb. 9.5). Man findet das Molekül-Ion bei m/z 293,8961, was mit dem berechneten Wert von m/z 293,8959 sehr gut übereinstimmt. Auch die relative Intensität des [M+1]-Peaks ist mit 6,2 % (aus dem Listing) sehr nah an dem Erwartungswert von 6,6 %.

FI und FD sind auf den Positiv-Ionen-Modus beschränkt, da die Umkehrung der Polarität des Emitters eher zur Emission von Elektronen als zur Bildung von Analyt-Anionen führt. Die Elektronenemission verursacht einen elektrischen Überschlag, der normalerweise den Emitter zerstört. Im Positiv-Ionen-Modus können Überladung des Emitters oder zu schnelle Desorption ebenso wirken.

Liegen Verbindungen schon ionisch vor, ist keine Ionisation mehr erforderlich, sondern es genügt, die Ionen aus kondensierter Phase in die Gasphase zu

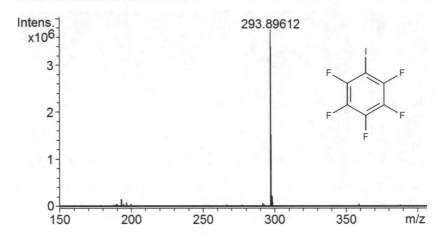

Abb. 9.5 Das LIFDI-Spektrum von Pentafluoriodbenzol zeigt quasi ausschließlich das Molekül-Ion-Signal bei m/z 293,8961

überführen. Das elektrische Feld ist dazu leicht imstande, sodass mit FD Kationen (C^+) ionischer Analyte ($C^+ A^-$) mit sehr guter Empfindlichkeit detektiert werden. Da Salze bei allen Desorptionsmethoden leicht Cluster-Ionen bilden ($[C_2A]^+$, $[C_3A_2]^+$, …), können die Massen der Anionen indirekt aus den Abständen der Cluster-Ionen-Signale ($\Delta m/z = M_{(CA)}$) ermittelt werden.

Sowohl für FD als auch für LIFDI ist es erforderlich, eine gewisse Oberflächenmobilität des Analyten auf dem Emitter durch Heizen zu erreichen. Dazu werden Heizströme von 1–50 mA eingesetzt; weiteres Heizen bis zur Gelbglut (60–100 mA) wird zum Reinigen des Emitters nach der Messung genutzt. Unter günstigen Umständen können Emitter über 20 Messungen halten.

9.3 Fast Atom Bombardment

In der Element-MS war mit der **Sekundär-Ionen-Massenspektrometrie** (*secondary ion mass spectrometry,* SIMS) schon lange eine Methode im Einsatz, die den Beschuss einer Oberfläche mit hochenergetischen Primär-Ionen (keV-Energien) nutzte, um Analyt-Ionen des beschossenen Materials (Sekundär-Ionen) zu erzeugen und einem Massenanalysator zuzuführen. Was mit anorganischen Proben wie Metallen, Halbleitern oder Gesteinen gut funktionierte, war jedoch zur Analyse molekularer Verbindungen eher ungeeignet. Einerseits trat mit den meisten organischen Verbindungen elektrostatische Aufladung der Oberfläche auf und andererseits verhinderte eine baldige radiolytische Zersetzung der Substanz die Aufzeichnung brauchbarer Spektren.

Das Problem der elektrostatischen Aufladung konnte durch den Ersatz der Primär-Ionen durch hochenergetische Edelgasatome verhindert werden, eine Methode, die als **Fast Atom Bombardment** (FAB) bekannt wurde. Bei FAB werden Edelgas-Ionen erzeugt, beschleunigt und in einer Stoßkammer durch Ladungsaustausch neutralisiert, wobei ihre kinetische Energie und Flugrichtung nur wenig beeinflusst werden. Das Problem der radiolytischen Zersetzungen wurde erst durch den Einsatz einer flüssigen Matrix überwunden. Die Matrix, eine viskose hochsiedende Flüssigkeit (Glycerin, 3-Nitrobenzylalkohol, Thioglycerin), fungiert dabei als Absorber für die Energie der Primärteilchen und setzt die gewünschten Sekundär-Ionen infolge einer Kollisionskaskade und nachfolgender „Eruption" aus der Oberfläche frei. Es entsteht im unmittelbaren Bereich des Einschlags und für die Dauer von Pikosekunden ein Plasma, das ins umgebende Vakuum expandiert. Unter diesen Bedingungen können sowohl präformierte Ionen aus der Lösung in die Gasphase freigesetzt werden als auch Ionisationsprozesse ablaufen. Der Primärteilchenbeschuss erfolgt bei FAB mit so hoher Intensität, dass in Prinzip ein kontinuierliches Plasma besteht.

Die Matrix leitet zudem die elektrische Ladung ab, was umgekehrt wieder erlaubt, Primär-Ionen einzusetzen, die sich mit höherer Energie und präziser fokussiert auf den Matrixtropfen schießen lassen. Die Kombination von SIMS mit einer flüssigen Matrix wurde als **Liquid Secondary Ion Mass Spectrometry** (LSIMS) bekannt und ist in ihren Resultaten der FAB-MS äquivalent. Bei Analyten sehr hoher Masse ist LSIMS wegen der Primär-Ionenenergie etwas im Vorteil gegenüber FAB. Ansonsten sind LSIMS und FAB-Spektren in der Praxis nicht unterscheidbar, da es keine Rolle spielt, ob die Primärteilchen selbst schon eine Ladung tragen.

FAB und LSIMS heute

FAB-MS bzw. LSIMS waren in den 1980er- und 1990er-Jahren wichtige Methoden zur sanften Ionisation großer Moleküle und ermöglichten damit auch die ersten massenspektrometrischen Peptidsequenzierungen. Inzwischen sind diese Methoden fast überall von MALDI, ESI und APCI verdrängt, bieten aber dennoch nicht zu unterschätzende Möglichkeiten für unpolare nichtionische Verbindungen oder auch Übergangsmetallkomplexe. Da FAB aber fast ausnahmslos an Magnet-Sektorfeld-Massenspektrometern implementiert wurde, verschwinden FAB und LSIMS zusammen mit diesem Gerätetyp aus den MS-Laboren.

9.4   Matrix-unterstützte Laserdesorption/Ionisation

Anstelle der Primär-Ionen der (L)SIMS kann man Photonen einsetzen, um die Probenoberfläche zu bestrahlen und dadurch Desorption und Ionisation zu bewirken. Als leistungsstarke Lichtquellen sind UV- wie IR-Laser dazu in der Lage, sofern der Analyt das Licht der betreffenden Wellenlänge gut absorbiert. Dies wird als **Laserdesorption/Ionisation** (laser desorption/ionization, LDI) bezeichnet. Für LDI-MS muss das Licht die Ionisation bewirken, außer wenn schon Ionen in der bestrahlten Probe vorhanden sind, die nur noch in die Gasphase zu desorbieren sind.

Nachteil der LDI ist wie bei SIMS oder FAB ohne Matrix, dass es zu einer photolytischen Zersetzung des Analyten durch übermäßigen Energieeintrag in die Oberflächenschichten kommt. Analog zur FAB-MS kann man das Problem durch Verwendung einer Matrix lösen, in der man den Analyten einbettet. Die Matrix muss eine sehr gute Absorption bei der Wellenlänge des einstrahlenden Laserlichts haben. Eine Realisation des Prinzips beruhte auf der Beimischung von feinstem Cobaltpulver (30 nm Teilchengröße) zu Glycerin; das Glycerin-Cobalt-Gemisch wurde dadurch zur UV-absorbierenden Matrix. Die Arbeiten von Koichi Tanaka zur sanften Laserdesorption/Ionisation von Proteinen belegten das eindrucksvoll und wurden mit dem Nobelpreis 2002 belohnt. Als viel effektiver und anpassungsfähiger an die Art des Analyten stellte sich das zeitgleich von Franz Hillenkamp und Michael Karas entwickelte Verfahren mit einer kristallinen organischen Matrix heraus. Dabei wird der Analyt durch Co-Kristallisation in die UV-absorbierende organische Matrix eingebaut. Die **Matrix-unterstützte Laserdesorption/Ionisation** (*matrix-assisted laser desorption/ionization*, MALDI) wurde rasch eine der bedeutendsten Ionisationsmethoden für die Analyse von (Bio-)Makromolekülen und synthetischen Polymeren [27, 28].

MALDI-Matrices Die **Matrices in der MALDI-MS** sind vielfältig, und einige der gebräuchlichsten sind hier zusammengestellt (Abb. 9.6). Typischerweise basieren MALDI-Matrices auf aromatischen Carbonsäuren, deren Azidität und Polarität durch entsprechende Substituenten angepasst ist. Welche Matrix für das konkrete analytische Problem geeignet oder gar ideal wäre, kann man letztlich nur empirisch ermitteln. Als Faustregel darf man davon ausgehen, dass hochpolare Moleküle auch entsprechende Matrices verlangen und umgekehrt. Beispielsweise eignet sich 2,5-Dihydroxybenzoesäure (2,5-DHB) für Oligosaccharide und Proteine, Sinapinsäure (SA) für Peptide und Proteine, Dithranol oder auch *trans*-2-[3-(4-*tert*-Butylphenyl)-2-methyl-2-propenyliden]malononitril

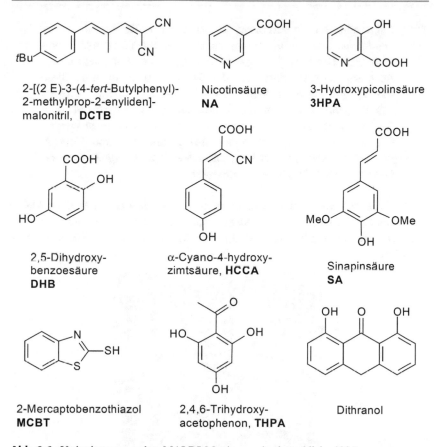

Abb. 9.6   Verbreitet verwendete MALDI-Matrices und gebräuchliche Abkürzungen

(DCTB) für eine große Bandbreite an Proben. 3-Hydroxypiconlinsäure (3-HPA) ist für Oligonucleotide gut geeignet. Eine sehr vielseitige Matrix ist auch α-Cyano-4-hydroxyzimtsäure (CHCA, CCA, HCCA).

Ein Hauch Magie

An der Wahl der richtigen MALDI-Matrix haftet der Ruf der schwarzen Magie. Dennoch, mit der Erfahrung bekommt man ein Gefühl dafür, eine passende Matrix für den jeweiligen Analyten zu finden. Oft lassen sich verschiedene Matrices mit vergleichbaren Resultaten verwenden, manchmal verlangen Moleküle aber auch nach genau der einen Matrix und das ggf. noch in einem eng definierten Konzentrationsbereich.

▶ **Präparation für die MALDI-MS** Zur **Präparation für die MALDI-MS**
werden separat Lösungen aus Analyt (ca. 0,1–1,0 mg mL^{-1}) und
Matrix (ca. 10 mg mL^{-1}) hergestellt, die man so mischt, dass sich ein
Analyt-zu-Matrix-Verhältnis von 1:1000 bis 1:10.000 einstellt. Diese
Lösung wird auf einen metallischen Probenträger („MALDI-Target")
aufgetragen, wo unter Verdunsten des Lösemittels die Matrix mit dem
Analyten in dünner Schicht co-kristallisiert (Abb. 9.7). Meist werden
0,5–1,0 µL der Lösung aufgetragen, was zu einer Zone mit Kristallen
von 2–3 mm Durchmesser führt. Diese Methode der MALDI-Präpara-
tion ist als Dried-Droplet-Methode bekannt.

MALDI-Anwendungen Um eine Idee von den Möglichkeiten der MALDI-MS zu
vermitteln, greifen wir uns zwei Anwendungen aus der großen Vielfalt heraus:
eine Analyse von Triacylglyceriden in Speisefetten und eine von modifizierten
Peptiden.

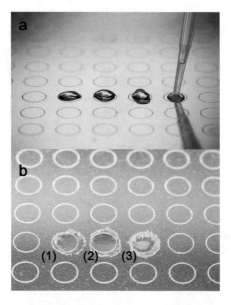

Abb. 9.7 Probenpräparation für MALDI-MS. **a** Eine Mischung aus Analyt- und Mat-
rix-Lösung wird mit einer Mikroliterpipette auf den Probenträger pipettiert. **b** Beim Verdunsten des Lösemittels kristallisiert die Matrix mit dem Analyten. (1), (2) Am Rand
wachsen große Kristalle, (3) feine Kristalle bilden sich in der Mitte der Spots. Die Positionen auf dem MALDI-Target sind markiert und werden nach Zeilen- und Spalten-Nr.
angesteuert

MALDI-TOF-Analyse von Speisefetten

Triacylglyceride von Speisefetten lassen sich mit Positiv-Ionen-MALDI-MS gut analysieren. Man erhält Fingerabdrücke der Fettsäureverteilung, die typisch für bestimmte Fette oder Öle sind. Zur Aufnahme des MALDI-Spektrums von Biskin wurde das Fett in Tetrahydrofuran (THF) gelöst und mit α-Cyano-4-hydroxyzimtsäure (CHCA) als Matrix präpariert. Es zeigt die $[M+Na]^+$-Ionen der Fette (Abb. 9.8). Im unteren m/z-Bereich sind die für MALDI typischen Ionen durch Matrix (Ma) zu finden, von denen hier besonders $[Ma+Na]^+$, m/z 212,1, und $[2Ma+H]^+$, m/z 379,1, auffallen. Die Fette werden nach Art der Fettsäuren und Anzahl ihrer Doppelbindungen (DBs) getrennt. So steht das Ion bei m/z 877,9 für ein Fett mit einer C_{16}- und zwei C_{18}-Säuren und insgesamt 4 DBs, das bei m/z 879,9 für eines mit nur 3 DBs. Die nächste Signalgruppe stammt von Fetten mit drei C_{18}-Säuren und beginnt bei m/z 901,9 mit dem Fett mit 6 DBs. Das Massenspektrum verrät uns hier aber nicht das Substitutionsmuster der Fettsäuren oder gar über die Position von Doppelbindungen. Dazu bedürfte es weit umfangreicherer Arbeit, die chromatographische Trennung und Tandem-MS beinhaltete.

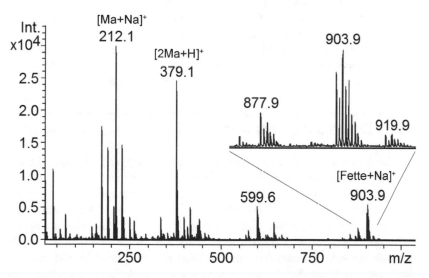

Abb. 9.8 Positiv-Ionen-MALDI-Spektrum von Speisefett Biskin. Das Fett wurde in THF gelöst und mit HCCA als Matrix präpariert. Man findet die $[M+Na]^+$-Ionen der Fette; dieser Bereich ist vergrößert dargestellt

---

Analyse der Glycosylierung von Proteinen

Die Übersichtlichkeit von MALDI-Spektren gepaart mit der Fähigkeit, Biomakromoleküle zu ionisieren und desorbieren, eröffnen neue Möglichkeiten, an ein Problem massenspektrometrisch heranzugehen. Die O-Glycosylierung ist eine verbreitete posttranslationale Modifikation von Proteinen, und das Ausmaß der O-Glycosylierung kann als Indikator für bestimmte Erkrankungen gewertet werden. Zu diesem Zweck wurde die Intensität von Glycopeptid-Ionen bei Apolipoprotein C-III (apoC3), einem Protein mit einem O-Glycan, einem Gal-GalNAc-Disaccharid, mit MALDI-TOF-MS analysiert. Konkret wurden eine Proteinfraktion von einem gesunden Menschen mit MALDI-TOF über den Bereich m/z 8700–10.000, in dem alle apoC-III-Glycoformen auftreten, untersucht (Abb. 9.9). Man erkennt auf den ersten Blick deutliche Unterschiede in den Spektren, ohne genau zu wissen, um welche Moleküle es sich handelt.

▶ **MALDI Fingerabdruck** Die Beispiele zu Abb. 9.8 und besonders zu Abb. 9.9 zeigen eine ganz andere Art, Massenspektren zu verwenden. Anstelle einer detaillierten Analyse, die zahlreiche Fakten aus den Spektren sammelt, nimmt man hier einfach erst einmal den Fingerabdruck (*MALDI finger print*) einer komplexen Probe und sucht nach offensichtlichen Unterschieden. Danach kann man sich darauf konzentrieren, eine mutmaßlich relevante Substanz zu identifizieren. Das kann eine in solch einem Fall eine sehr komplexe Aufgabe werden.

9.5   Elektrospray-Ionisation

Mit der **Elektrospray-Ionisation** (*electrospray ionization,* ESI) vollzieht sich der Schritt von Ionisationsprozessen im Vakuum zu Methoden bei Atmosphärendruck. Bei ESI wird eine verdünnte Lösung des Analyten (10^{-4}–10^{-6} M) durch die Wirkung eines starken elektrischen Feldes zu einem elektrostatisch hoch geladenen Aerosol versprüht (daher der Name) [30, 31]. Die Freisetzung der Ionen geschieht, während die winzigen Tröpfchen durch ein Interface in das Hochvakuum des Massenanalysators überführt werden. Damit ist ESI geradezu ideal, um das Eluat der Flüssigchromatographie direkt einer massenspektrometrischen Analyse zuzuführen. Es war in der Tat der Wunsch nach direkter Flüssigchromatographie-MS-Kopplung (LC-MS), der zu einigen wichtigen

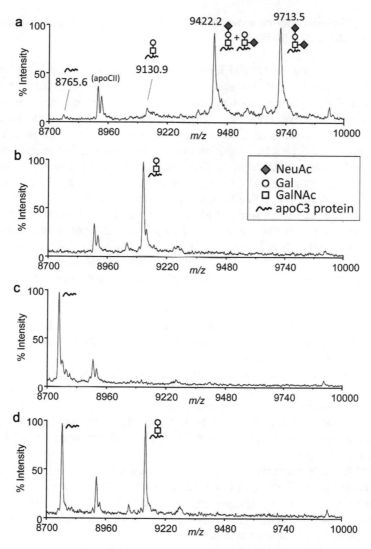

Abb. 9.9 MALDI-Spektren einer Glycoproteinfraktion von einem gesunden Menschen über den Bereich *m/z* 8700–10.000. **a** Vor der enzymatischen Behandlung, **b** nach Desialylierung, **c** nach Deglycosylierung, **d** eine äquimolare Mischung der desilylierten und der deglycosylierten Proben. Die jeweilige Glycoform ist bei den Peaks notiert. *Quadrat* GlaNAc, *Kreis* Gal, *Raute* NeuAc, *Welle* unglycosyliertes apoC3. Abdruck aus [29] mit freundlicher Genehmigung der Mass Spectrometry Society of Japan. (© MSSJ 2012)

Atmosphärendruck-Ionisationsmethoden (*atmospheric pressure ionization*, API, Abschn. 9.6) geführt hat.

ESI-Prozess Grundlage für ESI ist die in Elektrolytlösungen durch ein starkes elektrisches Feld bewirkte Ladungstrennung (vgl. Elektrophorese). Tritt ein Tropfen einer Elektrolytlösung aus dem Ende einer Kapillare im elektrischen Feld aus, so bleibt er nicht wie sonst rund, sondern wird aufgrund der elektrostatischen Kräfte auf die enthaltenen Ionen zunächst zur Gegenelektrode hin zum Kegel verformt (3–5 kV zwischen Kapillare und Gegenelektrode). Die Bildung dieses sog. **Taylor-Konus** bewirkt eine Verringerung des Rundungsradius an der Spitze, wodurch die lokale Feldstärke weiter ansteigt (vgl. FI, Abschn. 9.2). Schließlich wird am **Rayleigh-Limit** die Oberflächenspannung überwunden: Der Kegel reißt an seiner Spitze in einen wenige Mikrometer feinen Strahl auf. Der Strahl wird durch nachströmende Flüssigkeit von der Tropfenoberfläche aufrechterhalten und ist infolge dessen elektrostatisch hoch geladen. Durch die damit verbundenen abstoßenden Coulomb-Kräfte und auch durch aerodynamische Beanspruchung zerstäubt die Flüssigkeit zu einem elektrisch geladenen Aerosol; dies ist **Elektrospray** (Abb. 9.10).

ESI-Interface Um das Aerosol in das Massenspektrometer zu überführen, braucht es ein **Interface,** das kontinuierlichen Fluss ins Hochvakuum des Analysators ermöglicht. Das kann man durch eine kleine Öffnung (ca. 0,5–1,0 mm) an einem **differenziell gepumpten System** realisieren. Der Druck wird darin stufenweise reduziert. Die erste Pumpstufe ist eine Feinvakuumstufe im unteren Millibarbereich und wird durch eine leistungsstarke Drehschieberpumpe (30–40 m^3 h^{-1}) evakuiert. Dahinter folgt die zweite Stufe, in der eine Turbomolekularpumpe ein moderates Hochvakuum aufrechterhält. Moderne Interfaces haben oft drei Pumpstufen (Abb. 9.11).

Auf ihrem Weg dampfen die Aerosoltröpfchen ein, wodurch sich die Ladungsdichte erhöht. Das Rayleigh-Limit wird erneut überschritten und es tritt Zerfall unter Bildung kleinerer Tröpfchen ein, bei denen sich der Zyklus wiederholt, bis schließlich nanometergroße Partikel entstanden sind, die man schon eher als hoch solvatisierte Ionen auffassen könnte.

Um das Einfrieren der Tröpfchen beim Verdampfen von Lösemittel aus den Tröpfchen zu vermeiden, bedarf es externer Energiezufuhr. Diese liefert ein dem Aerosol vor der ersten Öffnung entgegenströmendes heißes Desolvatationsgas (Stickstoff, 2–10 L min^{-1}, 180–250 °C).

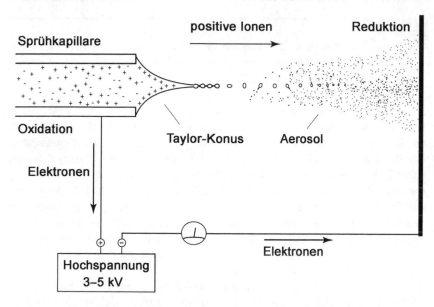

Abb. 9.10 Der Elektrospray-Prozess bei Atmosphärendruck. Die Hochspannung zwischen Sprühkapillare und Gegenelektrode führt zur Ladungstrennung in der Elektrolytlösung, wodurch sich beim Austritt der Flüssigkeit der Taylor-Konus formt, an dessen Spitze dann der Elektrospray einsetzt. Das System stellt eine elektrolytische Zelle dar. Angepasst aus [32] mit freundlicher Genehmigung. (© Wiley, 2009)

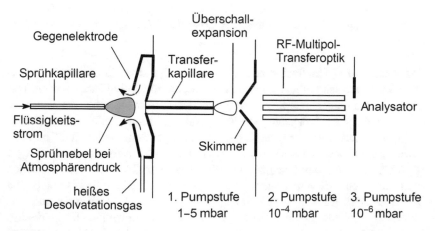

Abb. 9.11 Typisches ESI-Interface

Fragen

Warum wird das durch Elektrospray gebildeten Aerosol von dem entgegengerichteten heißen Stickstoffstrom nicht einfach weggeblasen, sondern kommt trotzdem in die erste Pumpstufe?

Der Übergang des Aerosols in das Vakuum der ersten Pumpstufe geschieht in einer Überschallexpansion. Hier wird keine Energie mehr zugeführt, d. h., dieser Prozess ist adiabatisch. Es gehört zum Wesen adiabatischer Expansionen, dass Moleküle mit hoher thermischer Geschwindigkeit (kleine Masse) sich sehr schnell nach außen weg bewegen und die langsamen (hohe Molmasse) entlang der zentralen Achse der Expansion zurücklassen. Somit werden die niedermolekularen Bestandteile (Lösemittel und Restgas) bevorzugt abgepumpt. Sie nehmen zudem den Großteil der thermischen Energie mit, wodurch sich das Zentrum des Expansionskegels abkühlt. Dies führt in der Achse der Expansion zu einer vorteilhaften Anreicherung von Analytmolekülen, die man dann effektiv in die zweite Pumpstufe transferieren kann.

Der letzte aber für die MS entscheidende Schritt ist nun die Freisetzung isolierter Ionen. Bei kleinen Ionen ist eine Ionenverdampfung denkbar, also ein Austreten einzelner Ionen aus einem hochgeladenen Riesencluster (*ion evaporation model*). Für Makromoleküle ist es sinnvoller anzunehmen, dass eine vollständige Desolvatisierung eintritt, an deren Ende das ggf. mehrfach geladene Ion steht (*charged residue model*). Makromoleküle können viele Ladungsträger (H$^+$, Na$^+$, K$^+$, NH$_4^+$) aufnehmen, da diese in hinreichendem Abstand voneinander auf dem ausgedehnten Molekül Platz finden. Dies erklärt das Auftreten hoher Ladungszustände in den ESI-Spektren solcher Analyte (ca. 1 Ladung pro 1000 u bei Proteinen).

ESI-Spektren ESI funktioniert nur, wenn der Analyt schon in Lösung in irgendeiner Weise ionisch vorliegt, es sich also um eine Elektrolytlösung handelt. Das gewährleisten naturgemäß Salze sowie alle sauren oder basischen Analyte, aber auch solche, die zur Anlagerung von Kationen oder Anionen befähigt sind. So findet man bei ionischen Analyten (C$^+$ A$^-$) je nach gewählter Polarität C$^+$ oder A$^-$ sowie Cluster-Ionen der Reihe [C$_2$A]$^+$, [C$_3$A$_2$]$^+$, … im positiv-Ionen und [CA$_2$]$^-$, [C$_2$A$_3$]$^-$, … im Negativ-Ionen-Modus. Die Masse von CA ist aus den Abständen der Cluster-Ionen-Signale ($\Delta m/z = M_{(CA)}$) zu ermitteln. Moleküle bis gut 1000 u bilden [M+H]$^+$, [M+NH$_4$]$^+$, [M+Na]$^+$, [M+K]$^+$, je nach Eigenschaften und Verfügbarkeit der Ladungsträger. Bei Negativ-Ionen-ESI werden [M−H]$^-$, [M+Cl]$^-$ häufig detektiert. Anwendungen mit unpolaren aprotischen Verbindungen sind mit ESI kaum zu realisieren, da die Methode nicht aktiv ionisiert, sondern nur in Lösung präformierte Ionen handhaben kann.

Den Durchbruch von ESI-MS brachte aber die Möglichkeit, sehr große Biomoleküle wie Proteine und Oligonucleotide zu messen. Proteine bilden $[M+nH]^{n+}$-Ionen und werden infolge dieser ausgeprägten Vielfachladung im m/z-Bereich gängiger Massenanalysatoren detektierbar. Für ein zweifach geladenes Ion, $z = 2$, nimmt der m/z-Wert nämlich den halben und z. B. für ein zehnfach geladenes Ion entsprechend den zehntel Zahlenwert der Molmasse an. Erst so kam es zur Revolution der MS von Biomakromolekülen. Heute wird ESI auch für kleine polare Moleküle verwendet, und ESI ist eine der wichtigsten Ionisationsmethoden der MS in Chemie, Pharmaforschung und Biochemie. Ein Beispiel für ESI-MS besprechen wir nachfolgend, ein weiteres findet sich im Abschnitt über LC-MS (Abschn. 12.6).

ESI-Spektrum von Myoglobin

Das Protein Myoglobin, $M = 17$ ku, kann mit Positiv-Ionen-ESI-MS leicht analysiert werden. Dazu wird eine ca. 10^{-4} M Lösung in einer Mischung aus Wasser (95 %), Acetonitril (5 %) und Ameisensäure (0,1 % zur Protonierung) verwendet. Man findet eine Serie von Signalen, die zu Ionen des Typs $[M+nH]^{n+}$ gehören, wobei $n = 10-25$ (Abb. 9.12). Im Spektrum wird kein Ladungszustand ausgelassen, d. h., von rechts nach links korrespondiert das

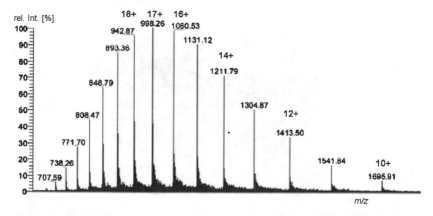

Abb. 9.12 Positiv-Ionen-ESI-Spektrum des Proteins Myoglobin, $M = 17$ ku, aus Wasser (95 %), Acetonitril (5 %) mit 0,1 % Ameisensäure zur Protonierung. Die Signale gehören zu $[M+nH]^{n+}$-Ionen mit $n = 10-25$. Angepasst aus [33] mit freundlicher Genehmigung. (© Wiley, 2008)

Nachbarsignal immer zu einem Ion mit um 1 höherem z. So resultiert der Peak bei m/z 1413,5 aus dem Ion $[M+12H]^{12+}$, der bei m/z 1211,8 aus dem Ion $[M+14H]^{14+}$ und so weiter. Da niedrigauflösende Massenspektrometer bei den hohen Ladungszuständen nicht in der Lage sind, die simultan auftretenden Ionen durch Protonierung und diverse Kationisierungen zu trennen, ist die Genauigkeit der Massenbestimmung des neutralen Proteins auf etwa ±20 u eingeschränkt.

9.6   Chemische Ionisation bei Atmosphärendruck

Schon im Jahr 1973 entwickelte E. C. Horning das Verfahren der **Atmosphären-druck-Ionisation** (*atmospheric pressure ionization,* API) und bald darauf als dessen Verbesserung die **Atmosphärendruck Chemische Ionisation** (*atmospheric pressure chemical ionization,* APCI). Während API kaum praktische Bedeutung erlangte, hat sie doch den Überbegriff aller Methoden mit Ionisation bei Atmosphärendruck bestimmt.

In der APCI startet der Ionisationsprozess an einer Korona-Entladung in heißem Lösemitteldampf, der so zum Reaktandgas für die Analytmoleküle wird (Abb. 9.13). Der Lösemitteldampf wird erzeugt, indem man eine in der Konzentration der ESI-MS vergleichbare Analytlösung beim Durchströmen einer kurzen Heizpatrone (ca. 500 °C) abrupt verdampft. Zur Aufrechterhaltung eines

Abb. 9.13 APCI-Quelle im Betrieb. Der heiße Gasstrom aus Stickstoff, Lösemittel-dampf und Analyt wird von oben her zugeführt und strömt an der blass violett leuchten-den Korona-Entladung vorbei. Zwischen Entladung und Eintritt in das Interface durch eine Öffnung in der Mitte der konischen Elektrode (*links*) findet Chemische Ionisation bei Atmosphärendruck statt

kontinuierlichen Gasstroms in den Bereich der Korona-Entladung sind bei der klassischen APCI Flüsse von 200–1000 µL min^{-1} erforderlich. Das ist rund hundertfach höher als bei ESI. Es reicht aber aus, einen mit ESI vergleichbaren Analytstrom über ein T-Stück mit einem von einer HPLC-Pumpe gelieferten Lösemittelstrom zu mischen, anstatt den gesamten Fluss allein durch Analytlösung zu erzielen. In der LC-MS sind solche Flüsse ohnehin die Regel. Die Korona-Entladung geht von einer spitzen Nadelelektrode aus, an der eine Gleichspannung von einigen kV anliegt. Von dieser Primärionisation ausgehend führen etliche Schritte zur Bildung von Analyt-Ionen auf dem Weg einer Chemischen Ionisation bei Atmosphärendruck.

Schneller Methodenwechsel
Ab der Eintrittsöffnung sind APCI-Quelle und ESI-Interface identisch. Daher sind Massenspektrometer mit ESI-Interface durch einfaches Austauschen des ESI-Sprühkopfes gegen einen APCI-Sprühkopf in Minuten zwischen ESI und APCI umrüstbar.

Anders als bei der klassischen CI in der Feinvakuum-Gasphase erfolgt bei APCI eine wirkungsvollere Thermalisierung der gebildeten Analyt-Ionen, was insgesamt zu einer etwas sanfteren Ionisation und damit zu fragmentierungsärmeren Spektren führt.

Da APCI wieder einen aktiven Ionisationsprozess ermöglicht, können mit APCI auch relativ unpolare Verbindungen gemessen werden. Je nach Wahl des Lösemittels und der eingestellten elektrischen Polarität der APCI-Quelle kommen für die Ionisation alle schon von der CI her bekannten Ionisationsprozesse in Betracht. Unter APCI-Bedingungen sind Protonierung oder Deprotonierung, Kation- oder Anion-Anlagerung ebenso möglich wie Ladungsaustausch oder Elektroneneinfang.

9.7   Ionenarten bei Desorptions-Ionisations-Methoden

Uns sind bei CI, FD, MALDI und ESI schon mehrfach verschiedene Ionenarten begegnet, deren Auftreten von der Kombination aus Analyt, gewählter Ionisationsmethode und konkreten experimentellen Bedingungen abhängt. Es ist wichtig, die betreffenden Ionen zu erkennen, da man die Masse des Analyten nur nach entsprechender Korrektur erhält (Tab. 9.1).

Man kann deutlich Tendenzen sehen, unter welchen Bedingungen Analyte je nach ihrer Polarität, Azidität bzw. Basizität, Elektronegativität und auch Molmasse

Tab. 9.1 Ionen bei Desorptions-Ionisations-Methoden und zugehörige Massenabstände

Positives Ion	$\Delta m/z$ zu M	$\Delta m/z$ zu $[M+H]^+$	$\Delta m/z$ zum Vorherigen
$M^{+\bullet}$	0	–	–
$[M+H]^+$	1	0	1
$[M+NH_4]^+$	18	17	17
$[M+Na]^+$	23	22	5
$[M+K]^+$	39	38	16
Negatives Ion	$\Delta m/z$ zu M	$\Delta m/z$ zu $[M-H]^-$	$\Delta m/z$ zum Vorherigen
$M^{-\bullet}$	0	1	–
$[M-H]^-$	−1	0	−1
$[M+O]^{-\bullet}$	16	17	17
$[M+OH]^-$	17	18	1
$[M+Cl]^-$	35/37	36/38	18/20

bestimmte Arten von Ionen bevorzugt bilden. Unpolare Verbindungen besitzen keine bevorzugten „Anlegeplätze" zur Protonierung oder Adduktbildung, obwohl diese Prozesse wenig Energie benötigen und oft sogar exotherm verlaufen. Radikal-Ionen sind energetisch aufwendiger zu bilden, bleiben aber bei unpolaren Analyten der einzige Weg zur Ionisation. Außerdem werden beim Übergang von Hochvakuum über Feinvakuum zu Atmosphärendruck oder auch zu Desorptions-Ionisations-Verfahren (kondensierte Phase) Addukte aller Art häufiger. Je höher die Teilchendichte in der Zone des Ionisationsgeschehens, desto ausgeprägter wird die Tendenz Reaktandgas-Ionen zu addieren, Solvate mit Lösemitteln oder Matrizes zu bilden oder Cluster-Ionen mit gleichartigen Molekülen zu formen. Ionische Verbindungen und andere präformierte Ionen liegen dagegen sozusagen schon für die MS bereit, wenn es gelingt, sie unzersetzt in die Gasphase zu überführen. Das leisten alle Desorptionsmethoden sehr effektiv.

9.8   Zusammenfassung der Ionisationsmethoden

Wir haben nun einen äußerst kompakten Einblick in die wichtigsten, aber keineswegs alle Ionisationsmethoden der organischen und biochemischen Massenspektrometrie bekommen, z. B. das Gebiet der Ionisation unter Umgebungsbedingungen (*ambient MS*) konnten wir hier nicht abdecken. Die nachfolgende Zusammenfassung führt daher ein paar Methoden mehr auf, damit sie Ihnen wenigsten schon eine Idee von deren Verwendung geben kann (Tab. 9.2).

Tab. 9.2   Die wichtigsten Ionisationsmethoden

Methode	Englische Bezeichnung und Akronym[a]	Charakteristika und Verwendung
Elektronenstoß-ionisation	*Electron ionization,* EI	Harte Ionisationsmethode, die meist zu starker Fragmentierung des Molekül-Ions führt. Ionisation durch energetische Elektronen (meist 70 eV). Gelegentlich ist der Molpeak im Spektrum deshalb nicht zu finden. Eignet sich für thermisch unzersetzt verdampfbare Substanzen mit Molmassen bis ca. 800 u. Probenzufuhr über Direkteinlass, Referenzeinlass oder Gaschromatographen
Feldionisation	*Field ionization,* FI	Sanfte Ionisationsmethode. Ionisation in der Gasphase durch sehr starkes elektrisches Feld führt oft zu Molekül-Ionen und keiner bis geringer Fragmentierung. Eignet sich für thermisch unzersetzt verdampfbare Substanzen mit Molmassen bis ca. 1000 u. Probenzufuhr über Direkteinlass, Referenzeinlass oder Gaschromatographen
Felddesorption	*Field desorption,* FD; *liquid injection field desorption/ ionization,* LIFDI	Sanfte Desorptions-Ionisations-Methode. Ionisation aus kondensierter Phase durch sehr starkes elektrisches Feld. Führt oft zu Molekül-Ionen und keiner bis geringer Fragmentierung. Eignet sich für Substanzen mit Molmassen bis ca. 3000 u. Probenzufuhr über Direkteinlass. Eine Sonderform ist Liquid Injection Field Desorption/ Ionization (LIFDI) für Probenzufuhr unter Inertbedingungen
Chemische Ionisation	*Chemical ionization,* CI	Recht sanfte Ionisation unter Bildung verschiedener Ionenarten je nach Eigenschaften des Analyten. CI kann positive und negative Ionen liefern. Die Wahl der Polarität richtet sich nach dem Analyten. Eignet sich für thermisch unzersetzt verdampfbare Substanzen mit Molmassen bis ca. 1000 u. Probenzufuhr über Direkteinlass, Referenzeinlass oder Gaschromatographen

(Fortsetzung)

Tab. 9.2 (Fortsetzung)

Methode	Englische Bezeichnung und Akronym[a]	Charakteristika und Verwendung
Atmosphärendruck Chemische Ionisation	*Atmospheric pressure chemical ionization*, APCI	Sanfte Ionisation durch CI-Prozesse bei Atmosphärendruck. Analyt wird aus Lösung vernebelt und dann thermisch verdampft. Primärionisation erfolgt durch Korona-Entladung; der Analyt wird dann über Ion-Molekül-Reaktionen ionisiert. APCI kann positive und negative Ionen liefern. Geeignet für Substanzen geringer bis mittelhoher Polarität mit Molmassen bis ca. 2000 u. Probenzufuhr über Flüssigchromatographen (LC-MS) oder Spritzeninjektion
Atmosphärendruck-Photoionisation	*Atmospheric pressure photoionization*, APPI	Wie APCI, jedoch erfolgt die Primärionisation durch kurzwelliges UV-Licht (meist Kr-Entladungslampe). APPI kann positive und negative Ionen liefern. Kann für weniger polare Analyte günstiger als APCI sein
Fast Atom Bombardment und Liquid Secondary Ion Mass Spectrometry	*Fast atom bombardment*, FAB, und *liquid secondary ion mass spectrometry*, LSIMS	Sanfte Desorptions-/Ionisationsmethode. Analyt wird gelöst in schwerflüchtiger Matrix und wird im Vakuum mit Atomen von keV-Energie (FAB) oder Primär-Ionen (LSIMS) beschossen. Eignet sich für Substanzen geringer bis hoher Polarität und ionische Verbindungen mit Molmassen bis ca. 4000 u. FAB bzw. LSIMS können positive und negative Ionen liefern. Beide Methoden werden heutzutage nur noch selten genutzt
Matrix-unterstützte Laser-desorption/Ionisation	*Matrix-assisted laserdesorption/ionization*, MALDI	Sanfte Desorptions-Ionisations-Methode. Analyt wird co-kristallisiert in großem Überschuss fester Matrix. Desorption und Ionisation durch UV-Laser von 250–350 nm Wellenlänge (IR-MALDI ist selten). Eignet sich für Substanzen geringer bis hoher Polarität und auch für ionische Verbindungen. Molmassen bis über 100.000 u sind zugänglich. MALDI kann positive und negative Ionen liefern. Wichtige Methode für Biomakromoleküle und synthetische Polymere aber keineswegs darauf limitiert

(Fortsetzung)

Tab. 9.2   (Fortsetzung)

Methode	Englische Bezeichnung und Akronym[a]	Charakteristika und Verwendung
Elektrospray Ionisation	*Electrospray ionization,* ESI	Extrem sanfte Desorptions-Ionisations-Methode. Analyt wird aus Lösung elektrostatisch bei Atmosphärendruck versprüht und Ionen werden aus dem Aerosol freigesetzt. Es müssen schon Ionen in der Lösung vorliegen. Eignet sich für Substanzen hoher Polarität und auch für ionische Analyte. Molmassen von 100 u bis weit über 100.000 u sind zugänglich. ESI kann positive und negative Ionen liefern. Bei Makromolekülen tritt Mehrfachladung auf. Wichtige Methode für Biomakromoleküle, aber auch sehr verbreitet in der LC-MS
Desorptions-Elektrospray Ionisation	*Desorption electrospray ionization,* DESI	Ambient-MS-Variante von ESI. Oberfläche wird einem Elektrospray aus Lösemittel ausgesetzt. Material von der Oberfläche wird desorbiert und im Wesentlichen analog zu ESI ionisiert. Schnelle Analytik von Objekten, meist für polare bis ionische Analyte von bis zu 2000 u
Direct Analysis in Real Time	*Direct analysis in real time,* DART	Ebenfalls eine Ambient-MS-Technik. Oberfläche wird einem ionisierenden Helium-Strom ausgesetzt. Material von der Oberfläche wird desorbiert und im Wesentlichen durch Prozesse wie bei APCI ionisiert. Schnelle Analytik von Objekten, meist für gering polare bis ionische Analyte von bis zu 2000 u

[a]Auch im Deutschen werden die vom Englischen abgeleiteten Akronyme verwendet

Massenanalysatoren 10

10.1 Übersicht über Massenanalysatoren

Solange man die MS im analytischen Service nutzt, ohne selbst an einem Massenspektrometer zu arbeiten, ist es wichtiger, vernünftig mit den Spektren umgehen zu können und die Eignung der Ionisationsmethoden für die gerade interessierende Substanz einzuschätzen, als die **Massenanalysatoren** im Detail zu kennen. Deshalb reicht es für unseren „MS-Schnupperkurs" aus, die Typen von Massenanalysatoren nach Bezeichnung und allgemeinem Prinzip zu kennen. Damit der Vorgang der Massenanalyse aber nicht vollends im Dunkeln bleibt, werden wir zwei Techniken kurz anreißen. Zunächst verschaffen wir uns einen kurzen Überblick über die vielfältigen Massenanalysatoren in der MS (Tab. 10.1). Offenbar gibt es nicht „das eine Massenspektrometer". Vielmehr reicht das Angebot von kompakten Tischgeräten mit rund 100 kg und Kosten von knapp 100.000 € zu laborfüllenden Maschinen mit über 3 t für 500.000 € bis über 1.000.000 €.

▶ **Gemeinsamkeit aller Massenanalysatoren** Alle Massenanalysatoren, welcher Art auch immer, basieren letztlich auf dem Einsatz statischer und/oder variabler elektrischer Felder und statischer oder variabler magnetischer Felder. Für alle Massenanalysatoren muss darüber hinaus die ungestörte Interaktion der Ionen mit diesen Feldern gewährleistet werden. Das erfordert, dass die Ionen isoliert in der Gasphase vorliegen, d. h. im Hochvakuum. Deshalb sind Massenspektrometer Hochvakuumapparaturen (10^{-5} bis 10^{-10} mbar).

© Springer-Verlag GmbH Deutschland, ein Teil von Springer Nature 2019
J. H. Gross, *Massenspektrometrie,* https://doi.org/10.1007/978-3-662-58635-8_10

Tab. 10.1 Übersicht über verbreitete Massenanalysatoren

Analysator	Symbole und Anordnungen	Steckbrief
Magnetisches Sektorfeld	*Magnetic sector, double-focusing magnetic sector,* B, BE, EB, EBE, EBEB, BEBE etc	(Doppelfokussierende) Magnet-Sektorfeldgeräte stellten jahrzehntelang des Rückgrat der MS dar. In diesen Geräten nutzt man magnetische (B) und elektrische (E) Sektorfelder senkrecht zur Flugrichtung der Ionen zur Trennung eines kontinuierlichen Ionenstrahls nach *m/z*. Sektorfeldgeräte sind groß, schwer und recht teuer. Sie werden daher heute nur noch selten angeschafft. Im Bereich der GC-HR-MS (Dioxinanalytik) und in der Element-MS sind sie noch verbreitet
Linearer Quadrupol	*Quadrupole,* Q, QqQ	Überlagerung zeitlich konstanter und hochfrequenter elektrischer Quadrupolfelder in linearen Quadrupolen (Q: Massentrennung, q: nur Ionentransport) bewirkt Trennung eines Ionenstrahls nach *m/z*. Es sind kompakte Geräte für GC-MS und LC-MS, Tripelquadrupolgeräte (QqQ) eignen sich zu Quantifizierung im Spurenbereich, da sie MS/MS und großen dynamischen Bereich vereinen
Dreidimensionale Quadrupol-Ionenfalle	*Quadrupole ion trap,* QIT	Überlagerung zeitlich konstanter und hochfrequenter elektrischer Quadrupolfelder in einer Paul-Falle zur Speicherung und Massenanalyse der Ionen. QITs werden gepulst betrieben, d. h., Ionenpakete werden eingelassen und dann nach *m/z* getrennt auf einen Detektor ausgeschossen. QITs können wiederholt Ionen selektieren, fragmentieren und analysieren. Es sind sehr kompakte Geräte für niederaufgelöste Spektren, Anwendungen in GC-MS und LC-MS und LC-MS/MS bevorzugt in der Strukturaufklärung
Lineare Quadrupol-Ionenfalle	*Linear (quadrupole) ion trap,* LIT	Überlagerung zeitlich konstanter und hochfrequenter elektrischer Quadrupolfelder in einer linearen Quadrupol-Ionenfalle (LIT). Erlaubt Speicherung der Ionen. LITs werden wie QITs gepulst betrieben. LITs können wiederholt Ionen selektieren, fragmentieren und analysieren. Es sind kompakte Geräte für niederaufgelöste Spektren. Anwendungen in LC-MS und LC-MS/MS

(Fortsetzung)

Tab. 10.1   (Fortsetzung)

Analysator	Symbole und Anordnungen	Steckbrief
Fourier-Transform-Ionencyclotron-resonanz	*Fourier transform ion cyclotron resonance,* FT-ICR	Elektrische Anregung von in sehr starkem Magnetfeld (7–15 T) gespeicherten Ionenpaketen und Bestimmung der Cyclotronresonanzfrequenz durch Fourier-Transformation des Signals. FT-ICR-MS liefert die höchsten Auflösungsvermögen und Massengenauigkeiten. Die Geräte sind dafür groß, schwer und teuer. Ihre MS^n-Fähigkeit und Vielseitigkeit ermöglichen Messungen und Experimente, die an anderen Systemen unmöglich wären
Flugzeitanalysator	*Time-of-flight,* TOF, und *orthogonal acceleration TOF,* oaTOF	Bestimmung der Flugzeit der Ionen. Erfordert extrem kurz gepulste Ionenzufuhr. Zuerst wurden TOFs in Kombination mit der intrinsisch gepulsten Methode MALDI sehr erfolgreich verwendet. Zu den MALDI-TOFs kamen TOFs mit orthogonaler Beschleunigung der Ionenpakete in den TOF-Analysator (oaTOF) zur Kombination mit API-Methoden. Die oaTOFs haben heute großen Marktanteil. Bei moderaten Kosten bieten sie hohe Auflösung und exakte Masse
Orbitrap	Orbitrap	Orbitrap-Geräte sind seit 2005 erhältlich. Ionenpakete kreisen in elektrostatischem Feld um eine spindelförmige Elektrode und schwingen in axialer Richtung entlang. Diese Schwingung wird zur Massenanalyse aufgezeichnet. Bei der Orbitrap wird ebenfalls Fourier-Transformation zur Signalanalyse verwendet. Die Orbitrap konkurriert sehr erfolgreich mit oaTOF und FT-ICR soweit es Auflösung und Massengenauigkeit im analytischen Betrieb angeht
Hybridgeräte	*Hybrids, hybrid mass analyzers,* BEqQ, EBE-TOF, QqTOF, QqLIT, Qq-FT-ICR, LIT-FT-ICR, …	Kombination verschiedener Analysatoren für MS/MS, MS^n und Kombinationen derer mit exakter Masse. Man vereint verschiedene Prinzipien so in einem Gerät, dass die jeweilige Stufe auf effektivste Weise realisiert werden kann. Viele leistungsstarke Geräte sind in irgendeiner Weise Hybrid-Geräte. Aktuell bestimmen QqTOF, QqLIT, LIT-Orbitrap, Qq-FT-ICR sowie LIT-FT-ICR den Gerätemarkt im Segment der leistungsstarken Massenspektrometer

10.2   Flugzeit-Massenspektrometer

Flugzeit-Massenspektrometer (*time-of-flight,* TOF) beruhen auf der zeitlichen Trennung von Ionen unterschiedlicher *m/z*-Werte, nachdem sie mit gleicher kinetischer Energie versehen eine definierte feldfreie Strecke zurückgelegt haben. Die Energie E_{el} eines Ions der Ladung $q = ez$ (Elementarladung mal Anzahl) nach Durchlaufen einer Beschleunigungsspannung U_b beträgt:

$$E_{el} = q U_b = e z U_b \tag{10.1}$$

Man kann damit nun die kinetische Energie $E_{kin} = \frac{1}{2}m_i v^2$ gleichsetzen (m_i ist die Masse, v die Geschwindigkeit des Ions) und erhält:

$$E_{el} = e z U_b = \frac{1}{2} m_i v^2 = E_{kin} \tag{10.2}$$

Daraus ergibt sich durch Umstellen der Gleichung die Geschwindigkeit des Ions als:

$$v = \sqrt{\frac{2 e z U_b}{m_i}} \tag{10.3}$$

Die Geschwindigkeit der Ionen ist umgekehrt proportional zur Quadratwurzel ihrer Masse; sie hängt von Quotienten q/m ab. Immer wenn eine Größe in irgendeiner Weise von *m/z* abhängt, besteht die prinzipielle Möglichkeit, dies für einen Massenanalysator zu nutzen.

Mit der bekannten Länge der Driftstrecke s ergibt sich die Flugzeit t mit $t = s/v$ in erster Näherung:

$$t = \frac{s}{\sqrt{\frac{2 e z U_b}{m_i}}} \tag{10.4}$$

Zur Berechnung der Flugzeit ist es wichtig, alle Werte in den korrekten physikalischen Einheiten einzusetzen, und nicht etwa den dimensionslosen *m/z*-Wert zu verwenden.

Flugzeit

Typische Bedingungen in einem MALDI-TOF-Massenspektrometer wären $U_b = 20$ kV und $s = 2$ m. Damit wird ein Ion von *m/z* 1000 eine Geschwindigkeit von 62.135 m s^{-1} und somit eine Flugzeit von 32,188 μs erhalten. Die Flugzeit eines Ions von *m/z* 1001 ist um den Faktor 1,0005 (das Verhältnis der

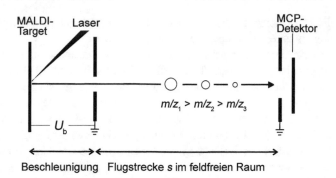

Abb. 10.1   Schema eines linearen MALDI-TOF-Massenspektrometers einfachster Bauart

Wurzeln beider Massen) länger, was einen Laufzeitunterschied zwischen diesen Ionen benachbarter Masse von nur 16 ns bedingt. Es braucht sehr schnelle
Detektoren (*microchannel plate*, MCP) und hohe Abtastraten (2–4 GHz), um
die Signale sauber zu erfassen.

Diese simple Überlegung zur Konstruktion eines TOF-Massenspektrometers ver-
nachlässigt die Energiestreuung der Ionen in der Ionenquelle, ungleichmäßige
Beschleunigung als Funktion des Ortes der Ionenbildung und andere Effekte. In
der Praxis haben solche einfachen **linearen Flugzeit-Massenspektrometer** recht
geringe Auflösungsvermögen von $R = 500$–700 (Abb. 10.1). Mit einem **Reflektor-
TOF** lassen sich unterschiedlich schnelle Ionen gleichen m/z-Werts in einen
zeitlichen Fokus bringen, was zu $R = 1500$–2500 führt. Moderne Geräte verfügen zudem über zeitlich gepulste, zweistufige Beschleunigungsspannungen. So
erreichen bessere Geräte infolge minimaler Energiestreuung der Ionen $R > 20.000$.

10.3   Quadrupol-Massenspektrometer

Ein **Quadrupol-Analysator** (*quadrupole*, Q) besteht aus vier achsenparallelen
Stäben, deren Achsen an den Ecken eines Quadrates angeordnet sind. Je ein
Paar zweier diagonal gegenüberliegender Stäbe wird an den gleichen Pol einer
Radiofrequenz-Wechselspannungsquelle (*V*cosωt) angeschlossen. Außerdem
wird eine Gleichspannung (*U*) darüber gelegt. Der Theorie des Quadrupol-Ana-
lysators entsprechend, sollten die Stäbe auf der nach innen gerichteten Seite einen

hyperbolischen Querschnitt haben, doch auch runde Stäbe können bei geeigneter Anordnung ein gutes Quadrupolfeld liefern (Abb. 10.2).

Die Theorie des Quadrupol-Analysators ist recht komplex, seine Wirkungsweise dagegen ist gut zu verstehen. Driften Ionen mit rund 10 eV kinetischer Energie entlang der z-Achse in das Quadrupolfeld, werden sie auf einen ihrer eigenen Ladung entgegengesetzt gepolten Stab hingezogen. Die Ionen würden auf den Stab treffen und neutralisiert werden, doch bei passendem Verhältnis von Radiofrequenz (ca. 1 MHz) und Spannung (0,5–3 kV) erfolgt die Umpolung rechtzeitig und führt zur Ablenkung der Ionen auf einen anderen Stab hin. So schwingen die Ionen zwischen den Stäben in der x,y-Ebene und fliegen axial durch den Quadrupol, ohne je einen Stab zu berühren. Ein solches Element ist zunächst noch ein reiner **Radiofrequenz-Quadrupol** (*RF-only,* q), der als ionenführendes Element (*quadrupole ion guide*) eingesetzt werden kann. Erst die zusätzliche Gleichspannung bringt die Massenselektion, da dann die Durchlassbedingung jeweils nur für einen kleinen m/z-Bereich erfüllt ist. Die Weite des m/z-Bereichs definiert das Auflösungsvermögen und hängt vom Verhältnis $2U/V$ ab. Man kann mit einem linearen Quadrupol bei noch akzeptabler Transmission normalerweise nur die sogenannte **Einheitsauflösung** realisieren, d. h. an jeder Stelle der m/z-Skala gerade eben die Nachbarmasse abtrennen. Hyperbolische Quadrupole liefern bei gleicher Auflösung höhere Transmission. Damit die Massenselektion beim Durchfliegen des Quadrupols zustande kommt, muss eine

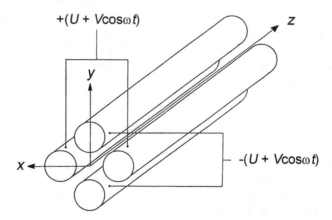

Abb. 10.2 Ein linearer Quadrupol-Analysator mit runden Stäben. Die Stäbe haben meist ca. 1 cm Durchmesser und eine Länge von rund 20 cm

genügende Anzahl von Schwingungszyklen (>100) möglich sein, was bei den geringen kinetischen Energien der Ionen auf einer Länge von rund 20 cm gelingt. Ein Quadrupol-Analysator ist daher ein sehr kompaktes Element.

Beziehung zwischen Ionisationsmethoden und Massenanalysatoren
Die „klassischen Ionisationsmethoden", nämlich EI, CI, FI, FD und FAB bzw. LSIMS, wurden zur Blütezeit der magnetischen Sektorfeld-Massenspektrometer entwickelt und entsprechend zunächst auch an diesen verwendet. Mit dem Aufkommen von linearen Quadrupol-Massenspektrometern als preiswerte Alternative zur Messung von niederaufgelösten Spektren wurden diese Methoden teils sehr verbreitet (EI, CI) und teils eher seltener (FAB, FD) an diesen Geräten genutzt. An Quadrupol-Ionenfallen fanden davon nur EI und CI ihre Realisation, während FAB und FD zugunsten von ESI und APCI übersprungen wurden. Heute werden hauptsächlich ESI und APCI an QIT-, LIT-, Orbitrap- und Hybridgeräten, hier insbesondere QqTOFs, verwendet.

LDI und MALDI nehmen eine Sonderstellung ein, da sie als gepulste Ionisationsmethoden einen Massenanalysator erfordern, der mit extrem kurzzeitig verfügbaren Ionenpaketen optimal umgehen kann. So kam es, dass das erste Jahrzehnt der MALDI-MS die große Zeit der MALDI-TOF-MS wurde. Die rasante Entwicklung und zunehmende Bedeutung der MALDI-MS führte dann einerseits zur Adaption von MALDI-Quellen an FT-ICR und andere Ionenfallen-Analysatoren sowie andererseits zur Entwicklung der hochauflösenden TOF-Analysatoren. Die oaTOFs halten nun Einzug bei GC-MS und LC-MS und verdrängen derzeit Sektorfeld-Massenspektrometer quasi völlig.

Tandem-Massenspektrometrie

11

11.1 Konzept der Tandem-Massenspektrometrie

Bei den sanften Ionisationsmethoden haben wir Massenspektren gesehen, in denen ausschließlich ein das intakte Molekül repräsentierendes Ion auftrat. In diesen Fällen hat man zwar meist sehr gut auswertbare Isotopenmuster und kann mit exakter Masse die Summenformel ermitteln oder zumindest eingrenzen, doch über die Struktur des Ions erhält man keine Information. Ein anderes Problem ergibt sich bei dem Versuch, Fragmentierungswege bestimmter Ionen aufzuklären, da auch bei einem an Fragment-Ionen-Peaks reichen Spektrum nicht erkennbar ist, welches Fragment-Ion von welchem Vorläufer-Ion stammt. Für beide Fälle möchte man Ionen selektieren, um deren Fragmentierung isoliert von der anderer Ionen im Spektrum zu studieren. Genau das leistet **Tandem-Massenspektrometrie** (*tandem MS*), indem sie massenselektierte Ionen einem weiteren MS-Experiment zugänglich macht [5, 6, 8].

▶ **Prinzip der Tandem-MS** Das Prinzip der Tandem-MS ist es, Ionen in einem ersten Analysator (MS1) zu selektieren, sie dann reagieren zu lassen, und die Produkte der Reaktion schließlich in einem zweiten Analysator (MS2) zu trennen. Tandem-MS liefert das Massenspektrum der Reaktionsprodukte von Vorläufer-Ionen.

Am einfachsten in Konzept und Umsetzung zu verstehen ist Tandem-MS mit räumlich hintereinander betriebenen Funktionseinheiten (*Tandem-in-Space MS*). Beispielsweise ergibt das als Tripelquadrupol-Massenspektrometer die Sequenz QqQ, als Quadrupol-TOF-Hybrid die Anordnung QqTOF. Je nach Betriebsmodus

© Springer-Verlag GmbH Deutschland, ein Teil von Springer Nature 2019
J. H. Gross, *Massenspektrometrie*, https://doi.org/10.1007/978-3-662-58635-8_11

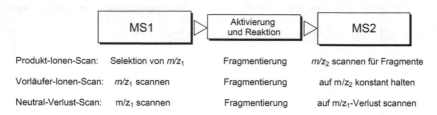

Abb. 11.1 Konzept der Tandem-MS und Scan-Modi für Tandem-in-Space Instrumentierung

der Funktionseinheiten lassen sich a) ein Produkt-Ionen-Scan, b) ein Vorläufer-Ionen-Scan und c) ein Neutralverlust-Scan realisieren (Abb. 11.1). Der Produkt-Ionen-Scan zeigt alle Fragment-Ionen eines selektierten Vorläufer-Ions, der Vorläufer-Ionen-Scan liefert für ein interessierendes Produkt-Ion alle infrage kommenden Vorläufer-Ionen und der Neutralverlust-Scan führt immer dann zu einem Signal, wenn ein Vorläufer, dessen m/z man kennt, unter festgelegtem Neutralverlust zerfällt. Der Produkt-Ionen-Scan wird zur Strukturaufklärung verwendet, während Vorläufer-Ionen- und Neutralverlust-Scans eher dem Zweck der Erhöhung der Selektivität analytischer Information dienen.

Bei der Tandem-in-Time MS nutzt man den gleichen Analysator für alle Schritte des Prozesses. Das gelingt mit den die Ionen speichernden Analysatoren, also QIT, LIT und FT-ICR. Interessanterweise ist es gerade damit recht einfach, nicht nur zwei, sondern drei oder mehr Stufen experimentell zu realisieren. Man spricht bei Tandem-MS auch von MS/MS oder MS^2 (sprich „MS hoch zwei") und verwendet für Experimente höherer Ordnung den betreffenden Exponenten, also MS^3 anstatt MS/MS/MS usw.

11.2 Reaktionszone und Anregung der Ionen

Die Reaktionszone hinter MS1 ist im einfachsten Fall ein Stück Flugrohr und die Reaktionsdauer entspricht der Zeit, die von den Ionen zu dessen Passage benötigt wird, also oftmals Mikrosekunden. Das reicht aber aus. Haben die Ionen nach MS1 noch genügend innere Energie für eine spontane Dissoziation (metastabile Ionen), so braucht man nichts weiter zu tun, als die Fragment-Ionen in MS2 zu bringen. Im Falle stabiler Vorläufer-Ionen, muss man eine Fragmentierung durch Energiezufuhr erzwingen. Die experimentell einfachste Lösung ist der **stoßinduzierte Zerfall** (*collision-induced dissociation*, CID), wofür man die Ionen durch

eine mit etwas Inertgas N (He, N$_2$, Ar) befüllte Stoßkammer (*collision cell*) fliegen lässt. Die Stöße führen zu Schwingungsanregung und in der Folge zur Dissoziation:

$$[M+H]^+ + N \rightarrow [M+H]^{+*} + N \tag{11.1}$$

Die Energie für die Schwingungsanregung kommt aus der Translationsenergie
des Ions, von der ein Teil beim Stoßprozess auf N übertragen wird und ein anderer Teil in innere Energie umgewandelt wird. Eine Ausbreitung des Stoßgases
in das restliche Gerät wird durch differenzielles Pumpen, also eine Pumpe in
unmittelbarer Nähe zur Stoßkammer, unterbunden.

Es ist aber auch möglich, die erforderliche Anregung durch Laser oder **Ion–
Molekül-Reaktionen** zu realisieren. Ion–Molekül-Reaktionen haben wir schon
im Kontext von CI und APCI kennengelernt. Es ist erstaunlich unkompliziert, sie
auch mit reaktiven Gasen in einer Stoßkammer auszuführen; allerdings dürfen die
Ionen dann nur sehr geringe kinetische Energie von rund 1 eV haben.

Ein Verfahren mit **Ion–Ion-Reaktionen** stellt die **Elektronentransferdis-
soziation** (*electron transfer dissociation*, ETD) dar, bei der das Elektron eines
Fluoranthen-Radikal-Anions auf ein mindestens zweifach geladenes Kation übertragen wird. Das Fluoranthen-Radikal-Anion wird dafür in einer separaten Ionenquelle erzeugt. Die Anregungsenergie für das zu fragmentierende Ion resultiert
aus dessen partieller Neutralisation:

$$\text{Fluoranthen}^{-\bullet} + [M+nH]^{n+} \rightarrow \text{Fluoranthen} + [M+nH]^{(n-1)+\bullet}, n \geq 2 \tag{11.2}$$

11.3 Tandem-MS im Einsatz

Tandem-MS ist keineswegs exotisch, in manchen Bereichen der MS geht ohne sie
nichts mehr. Wir wollen nachfolgend zwei Einsatzgebiete der Tandem-MS exemplarisch herausgreifen, um die Verwendung der Technik in der Praxis zu zeigen.

Strukturaufklärung und Identifizierung

Im Abschnitt über exakte Masse hatten wir in einem Praxisbeispiel bereits die
Summenformel einer unbekannten Verbindung bestimmt, doch noch keine Aussage über deren Struktur erhalten (Abb. 8.4). Selektiert man das [M+H]$^+$-Ion, *m/z*
403, fragmentiert mit Stoßaktivierung und führt einen Produkt-Ionen-Scan aus, so
erhält man zusätzliche analytische Information aus den abgespaltenen Gruppen
und/oder den Summenformeln der Fragment-Ionen (Abb. 11.2). Vom [M+H]$^+$-
Ion, werden hier nur kleine Moleküle abgespalten. Die exakte Masse ist wieder

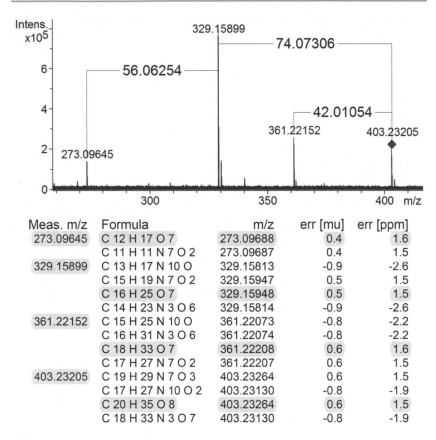

Meas. m/z	Formula	m/z	err [mu]	err [ppm]
273.09645	C 12 H 17 O 7	273.09688	0.4	1.6
	C 11 H 11 N 7 O 2	273.09687	0.4	1.5
329.15899	C 13 H 17 N 10 O	329.15813	-0.9	-2.6
	C 15 H 19 N 7 O 2	329.15947	0.5	1.5
	C 16 H 25 O 7	329.15948	0.5	1.5
	C 14 H 23 N 3 O 6	329.15814	-0.9	-2.6
361.22152	C 15 H 25 N 10 O	361.22073	-0.8	-2.2
	C 16 H 31 N 3 O 6	361.22074	-0.8	-2.2
	C 18 H 33 O 7	361.22208	0.6	1.6
	C 17 H 27 N 7 O 2	361.22207	0.6	1.5
403.23205	C 19 H 29 N 7 O 3	403.23264	0.6	1.5
	C 17 H 27 N 10 O 2	403.23130	-0.8	-1.9
	C 20 H 35 O 8	403.23264	0.6	1.5
	C 18 H 33 N 3 O 7	403.23130	-0.8	-1.9

Abb. 11.2 Tandem-Massenspektrum der nur nach Summenformel bekannten Verbindung zur Gewinnung von Strukturinformation. Die korrekten Formeln in der Liste sind hier bereits gelb markiert und auch die exakten Massendifferenzen zwischen den Fragment-Ionen sind annotiert

eine feine Sache, denn man kann den Neutralverlusten leicht Formeln zuordnen. Man findet für 42,01054 u Keten, C_2H_2O, für 74,07306 u Butanol, $C_4H_{10}O$, und für 56,06254 u Buten, C_4H_8. Auch für diese Zuordnung muss man natürlich mit eigenem intellektuellem Einsatz aus den Formelvorschlägen der Liste auswählen. Hier im Beispiel sind die korrekten Formeln schon gelb markiert (das sollte man bei eigenen Spektren mit einem Textmarker durchaus ebenso handhaben).

Wir haben schon viel Information über die Verbindung beisammen, doch die Struktur ist immer noch offen, denn das Tandem-Massenspektrum alleine brachte uns noch nicht ans Ziel. Als nächster Schritt bietet sich die Suche in Katalogen von Chemikalienanbietern oder eine Suche in Chemical Abstracts (CAS) mittels SciFinder an. Im Hinblick auf den Umstand, dass auf einem Backpapier eher eine verbreitete Substanz zu finden sein wird, ist dies eine gute Idee. Als Massenspektrometriker wird man vielleicht in einer Spektrendatenbank wie der **NIST/ EPA/NIH Mass Spectral Data Base** (kurz „NIST") suchen. Die NIST enthält zwar EI-Spektren, aber unsere Unbekannte hat ja eine recht kleine Molmasse. Die NIST-Suche liefert für $C_{20}H_{34}O_8$ drei Verbindungen, von denen nur eine mit den im Tandem-Massenspektrum gefundenen Fragmentierungen korreliert (Abb. 11.3). Es ist das Spektrum von Tributylacetylcitrat, einem Weichmacher. Dessen $[M+H]^+$-Ion kann leicht Butanol aus den Butylestergruppen und Keten aus der Acetylgruppe eliminieren, sowie einen Buten-Verlust über eine der Butylgruppen eingehen.

▶   **Chemische Hintergrundinformation** Wir haben im Beispiel zu Abb. 11.3 die Struktur einer unbekannten Verbindung in drei Schritten aufgeklärt. Zuerst wurde die Summenformel des Moleküls bestimmt, dann mit MS/MS-Daten eine Idee von Strukturelementen gewonnen und schließlich nach Abgleich mit Datenbankspektren die wahrscheinlichste Struktur postuliert. Dabei spielte chemische Hintergrundinformation eine wichtige Rolle, denn auf der „Spielwiese" der Summenformel alleine wäre man nicht ans Ziel gelangt; CAS SciFinder liefert für $C_{20}H_{34}O_8$ stolze 255 bekannte Strukturen! Auch gilt es im Hinterkopf zu behalten, dass wir ein eher einfaches Problem erarbeitet haben und es einen beachtlichen Aufwand erfordert, komplizierte Strukturen aufzuklären.

Weitere analytische Dimension zur Erhöhung von Selektivität
Ein Massenspektrum liefert mit der Intensität von Signalen abgetragen gegen den m/z-Wert eine zweidimensionale analytische Information. Tandem-MS erweitert die MS um eine dritte Dimension, nämlich entweder um a) den selektierten m/z-Wert des Vorläufer-Ions, b) den festgelegten m/z-Wert des Fragment-Ions oder c) einen definierten Neutralverlust (Abschn. 11.1). In der analytischen Praxis resultiert aus dem Einsatz von Tandem-MS eine Erhöhung der Selektivität der analytischen Information, weil eine zusätzliche Bedingung erfüllt sein muss, bevor ein Signal auftreten kann.

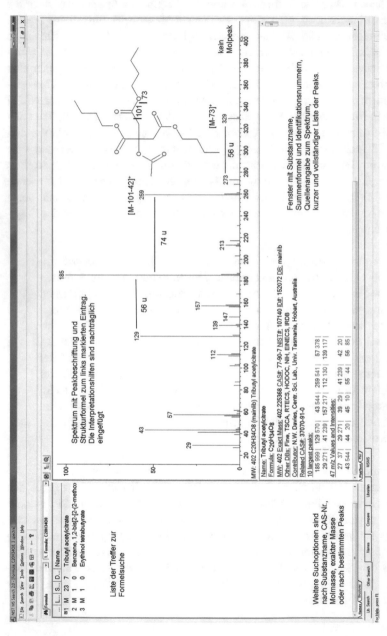

Abb. 11.3 Ergebnis einer Datenbanksuche nach Spektren zur Summenformel $C_{20}H_{34}O_8$ in der NIST/EPA/NIH Mass Spectral Data Base. Man findet drei Spektren. Das EI-Spektrum und die Struktur von Tributylacetylcitrat korrelieren als einziger Treffer mit den Fragmentierungen im Tandem-Massenspektrum. Weitere Erläuterungen sind im Screenshot eingetragen. Mit freundlicher Erlaubnis von NIST. © NIST 2014

Dieser Ansatz wird gemeinhin in der Spurenanalytik verfolgt, da es oft gilt, einen in sehr geringer Konzentration, z. B. wenigen ppm, vorhandenen Analyten (*target compound analysis*) in einer Matrix von die Analyse überlagernden Stoffen zu finden. Diese Matrix kann das Blut eines Patienten sein, in dem ein pharmazeutischer Wirkstoff zu finden ist, oder das eines auf Doping zu prüfenden Sportlers. Es kann Trinkwasser, Boden oder Gemüse sein, die man auf Pestizidrückstände analysiert. Die Möglichkeiten sind extrem zahlreich. Da solche Analysen aber gemeinhin in Kombination der MS mit chromatographischen Trenntechniken ausgeführt werden, behandeln wir erst diese Konstellation und betrachten das Beispiel anschließend.

Chromatographie-Massenspektrometrie-Kopplung

12

12.1 Konzept der Chromatographie

Die **Chromatographie** wurde Anfang des 20. Jahrhunderts erstmals vom russischen Botaniker Michail S. Zwet beschrieben, der die Methode entwickelte, um Pflanzenfarbstoffe zu trennen. Der Name Chromatographie ist aus dem Griechischen abgeleitet und bedeutet „Farbenschreiben".

Die Chromatographie beruht auf dem Adsorptionsgleichgewicht von Substanzen, die sich in einer gasförmigen oder flüssigen mobilen Phase befinden, mit einer stationären Phase. Ist die **mobile Phase** ein Gas und die **stationäre Phase** eine Flüssigkeit (in dünnem Film an einer festen Oberfläche), so handelt es sich um **Gaschromatographie** (*gas-liquid chromatography,* GLC oder einfach *gas chromatography,* GC). Befinden sich die Substanzen in flüssiger Phase (Lösung) und wechselwirken mit der festen stationären Phase, so handelt es sich um **Flüssigchromatographie** (*liquid chromatography,* LC).

Chromatographie führt zur Trennung von Komponenten einer Mischung. Mit einfachen Detektionstechniken kann man nur sagen, dass Komponenten von der Apparatur kommen (eluieren) und deren relative Konzentration abschätzen, man kann aber nicht sagen, um welche Substanzen es sich handelt.

Wichtigste Begriffe der Chromatographie

Chromatographische Säule
Der Prozess der Chromatographie wird in der Praxis in Röhren oder Kapillaren ausgeführt, durch welche die mobile Phase entlang der stationären Phase strömt. Im Kontext der Chromatographie werden sie **Säulen** genannt. Das rührt von der vertikalen Anordnung im einfachsten Fall einer Flüssigchromatographie her, für

die man ein Glasrohr mit Kieselgel füllt und den Fluss durch die Säule durch die Schwerkraft aufrechterhält.

Adsorptionsgleichgewicht

Die Adsorption freier Moleküle aus der mobilen Phase an die stationäre Phase und nachfolgende Desorption davon zurück bestimmen die Transportgeschwindigkeit für eine Substanz S durch die chromatographische Säule. Man definiert den Verteilungskoeffizienten K_S aus dem Verhältnis der Konzentrationen von S in der stationären Phase, $[S]_{stat}$, zu der in der mobilen Phase, $[S]_{mob}$:

$$K_S = \frac{[S]stat}{[S]mob} \tag{12.1}$$

Totzeit und Totvolumen

Die reine mobile Phase braucht eine bestimmte Zeit, um die chromatographische Säule zu durchströmen. Diese Mindestzeit heißt auch **Totzeit,** t_0, oder Durchbruchszeit. Keine Substanz kann die Säule schneller durchqueren. Die Totzeit wird entweder bestimmt durch das Verhältnis von Länge der Säule zu Strömungsgeschwindigkeit der mobilen Phase oder aus dem Verhältnis von Fluss (Volumenstrom) zu Säulenvolumen. Der Teil des Säulenvolumens, der sich (zwischen dem Trägermaterial) mit mobiler Phase füllt, heißt daher auch **Totvolumen** der Säule.

Retentionszeit

Substanzen mit starker Wechselwirkung zur stationären Phase erfahren beim Transport durch die Säule eine stärkere Zurückhaltung (Retention) als solche mit geringer Wechselwirkung. Die Zeit, die eine Substanz zum Durchqueren der Säule benötigt, ist die **Retentionszeit,** t_R. Sie ist charakteristisch für die Substanz und bleibt konstant, solange die chromatographischen Bedingungen unverändert sind. Eine längere Säule führt zu einer höheren Retentionszeit für die gleiche Substanz. Eine mobilere Substanz wird immer die kürzere Retentionszeit haben als eine stärker adsorbierte unter sonst identischen Bedingungen. Aus dem Unterschied der Retentionszeiten resultiert letztlich die zeitliche Auftrennung beim Verlassen der Säule. Die Retentionszeit ist entsprechend größer als die Totzeit.

Eluat

Das **Eluat** ist die Mischung aus mobiler Phase und darin transportierten Komponenten. Die Substanzen eluieren bei erfolgreicher Trennung nacheinander von der Säule.

12.2 Gaschromatographie

Bei der **Gaschromatographie** ist die mobile Phase ein **Trägergas,** das die Komponenten entlang der chromatographischen Säule transportiert. Als Säulen werden in der Analytik heute ausschließlich Kapillaren verwendet, deren Innenwand einen dünnen Film (0,2–1,5 μm) der stationären Phase trägt. Typische **Kapillarsäulen** für die GC haben 0,10–0,35 mm Innendurchmesser und sind meist 20–60 m lang. Sie werden aus Quarzglas gezogen (*fused silica*) und außen mit Polyimid beschichtet. Durch diese Ausführung als Verbundmaterial sind die Säulen flexibel und lassen sich aufrollen. Die stationäre Phase ist innen kovalent an das Quarzglas gebunden und besteht aus Siloxanen mit verschiedenen Alkyl- und/oder Arylgruppen. Mit diesen stellt sich das Adsorptionsgleichgewicht der zu trennenden Komponenten ein. Das Trägergas (He, H_2 oder N_2) wird mit einem Überdruck von ca. 1 bar auf den Säulenanfang gegeben und strömt wegen des hohen Strömungswiderstandes der engen Kapillare mit rund 1 mL min^{-1} am Ende aus. Damit die Analyte gasförmig bleiben oder werden, heizt man die Säule während der Trennung auf. Dazu wird sie im Säulenofen platziert, der für die Dauer der Analyse entweder auf einer Temperatur bleibt (isotherm) oder ein Temperaturprogramm, z. B. von 60 °C auf 250 °C in 10 min, durchläuft. Die Aufgabe der Substanz erfolgt als Lösung mit einer Mikroliterspritze über einen beheizten Injektor, das andere Ende der Säule ragt in den jeweiligen Detektor (Abb. 12.1).

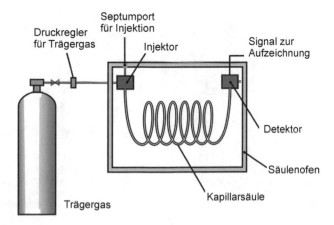

Abb. 12.1 Aufbau eines Gaschromatographen

Gaschromatogramm

Ein Standard aus isomeren *n*-Alkanen von C_2 bis C_{13} sowie einigen Alkoholen und Aldehyden wurde mittels Kapillar-GC getrennt (Abb. 12.2). Solch eine Mischung ist typisch für Emissionen im Straßenverkehr. Da einige Komponenten hohe Flüchtigkeit besitzen, war dafür eine sehr lange Säule mit dicker stationärer Phase erforderlich (DB1, 90 m, 320 μ i. D., 3 μm Filmdicke). Die Retentionszeiten im Gaschromatogramm reichen von 9,89 min für Ethan (**3**) zu 74,99 min für Tridecan (**Z**). Man erkennt die Trennleistung der Kapillar-GC u. a. schön an dem Peakpaar von Pentan (**18**, 35,84 min) und Isopren (**19**, 36,18 min).

Für die Zuordnung ist es üblich, Peaks zu nummerieren und die Komponenten mit Retentionszeiten in einer Liste aufzuführen. Damit eine Zuordnung gelingt, muss man die Retentionszeit jeder Verbindung kennen oder weitere spektrale Information gewinnen, z. B. durch GC-MS (Abschn. 12.5). Außerdem sieht man, dass einige Peaks zu höherer Retentionszeit hin einen

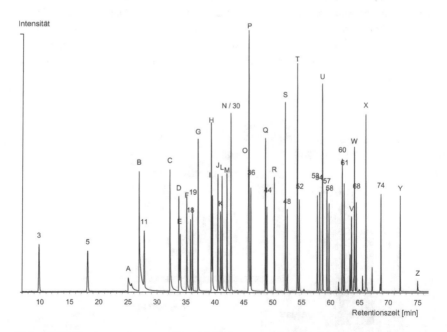

Abb. 12.2 Gaschromatogramm einer Mischung von Alkanen und einigen anderen Verbindungen. Mit freundlicher Genehmigung von Dieter Klemp, Forschungszentrum Jülich

breiten Fuß zeigen. Diese Peaks gehören zu oxigenierten Verbindungen wie Acetaldehyd (**A**), Methanol (**B**) oder Ethanol (**C**). Für sie sind die gewählten Bedingungen anders als für die Mehrheit der Alkane nicht optimal. Das Phänomen heißt **Tailing**. Man kann es nie ganz vermeiden, wenn verschiedene Substanzklassen in einer Trennung vertreten sind.

12.3   Flüssigchromatographie

Flüssigchromatographie kann man auf Platten mit einer Schicht der festen stationären Phase darauf ausführen oder in Säulen, die mit der feinkörnigen (evtl. auch porösen) stationären Phase gefüllt sind. Ersteres Verfahren ist die **Dünnschichtchromatographie** (*thin layer chromatography*, TLC), letzteres die **Säulenchromatographie**. Chromatographische Trennsäulen kann man besonders effektiv betreiben, wenn das Trägermaterial extrem feinkörnig ist. Damit dann noch ein Flüssigkeitsstrom aufrechterhalten werden kann, muss die Lösung der zu trennenden Stoffe mit hohem Druck hindurchgepumpt werden. So kommt man zur **Hochdruckflüssigchromatographie** (*high pressure liquid chromatography*, HPLC) meist auch **Hochleistungsflüssigchromatographie** (*high-performance liquid chromatography*, HPLC) genannt. Vermehrt werden dafür heute Säulen mit Partikelgrößen von wenigen Mikrometern und dann notwendigerweise mit Drücken über 1000 bar betrieben, was je nach Anbieter als **Ultrahigh Pressure Liquid Chromatography** (UHPLC) oder auch **Ultra Performance Liquid Chromatography** (UPLC) vertrieben wird.

12.4   Detektoren für GC und LC

Bei GC und LC zeigt das Chromatogramm die Intensität eines Detektorsignals gegen die Retentionszeit. Die Detektoren sind verschiedenartig und reichen in der GC von Flammenionisationsdetektoren (FID), Wärmeleitfähigkeitsdetektoren (WLD), Stickstoff-Phosphor-Detektoren (NPD) und Elektroneneinfang-Detektoren (ECD) bis zu Massenspektrometern. Aus der Sicht der Chromatographie ist das komplette Massenspektrometer also erst einmal „nur ein Detektor" und deshalb findet man bei sehr einfachen Geräten auch den unschönen Begriff „massenselektiver Detektor" (MSD).

Für die LC werden oft UV-Detektoren verwendet, deren Signal die UV-Absorption bei einer bestimmten Wellenlänge (meist 254 nm) darstellt. Man kann aber auch Photodiodenarray-Detektoren (*photo diode array*, PDA) einsetzen, die ein mehr oder weniger umfassendes UV-Vis-Spektrum des Eluats liefern. Besonders aufwändig, dafür aber reich an spektraler Information sind Kopplungen der LC mit NMR- oder Massenspektrometern.

12.5 Gaschromatographie-Massenspektrometrie

Die experimentelle Umsetzung der **Gaschromatographie-Massenspektrometrie-Kopplung** (GC-MS) gelingt vergleichsweise einfach dadurch, dass man das Ende der Kapillarsäule mit einem passenden Verbindungsstück an den Eingang einer EI- oder CI-Ionenquelle positioniert. Der Trägergasstrom von rund 1 mL min^{-1} wird vom Vakuumsystem des Ionenquellengehäuses meist gut verkraftet. Zusammen mit dem Trägergas eluieren die Komponenten der am Gaschromatographen injizierten Mischung nacheinander und werden massenspektrometrisch analysiert. Da Substanzen bei der Kapillar-GC in nur 1–3 s eluieren, sollte das Massenspektrometer den interessierenden m/z-Bereich schnell genug messen, also Scanzeiten von 0,3–1,0 s ermöglichen. Bei diesem Vorgehen erhält man Massenspektren aller Komponenten zur qualitativen Analyse (Abb. 12.3) [34].

Chromatogramme bei Kopplung mit MS
Je nach Detektor stellt das Chromatogramm eine andere Größe als Funktion der Retentionszeit dar, also UV-Absorption, Wärmeleitfähigkeit oder eben Intensität von Ionen. Bildet man die Summe aller Ionen eines Scans ab, heißt

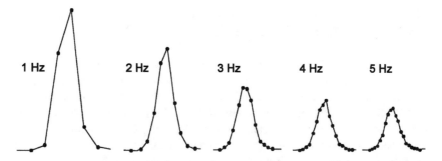

Abb. 12.3 Die Anzahl der Spektren pro Sekunde, also die Spektrenakquisitionsrate (in Hz), hat Einfluss auf die Form des chromatographischen Peaks im TIC und auf dessen Intensität, denn eine kürzere Zeit pro Spektrum bedeutet auch weniger Ionen. Hier wären 2–3 Hz der beste Kompromiss. (Mit freundlicher Genehmigung angepasst aus [35]. © Elsevier 2010)

das **Totalionenchromatogramm** (*total ion chromatogram,* TIC), wählt man aus den Massenspektren nachträglich Ionen nach *m/z*-Wert aus, erhält man ein **rekonstruiertes Ionenchromatogramm** (*reconstructed ion chromatogram,* RIC oder auch *extracted ion chromatogram,* EIC).

Um RICs korrekt auszuwählen, muss man vorher die Massenspektren der zu detektierenden Verbindungen kennen. Nur intensive und charakteristische Peaks sind dafür geeignet. Zur Sicherheit wählt man für eine Verbindung zwei oder drei RICs, deren gleichzeitiges Auftreten in definiertem Intensitätsverhältnis die analytische Aussage stützt.

Weitere analytische Dimensionen

Mit dem Vorschalten einer Trennung wird die massenspektrometrische Analyse um eine Dimension erweitert, nämlich um die der Retentionszeit. Die Chromatographie-MS-Kopplung bietet also analytische Daten in drei Dimensionen: Retentionszeit, Intensität und *m/z*-Wert. In Kap. 11 haben wir erkannt, dass auch Tandem-MS eine analytische Dimension beisteuert. Indem man Chromatographie-MS/MS betreibt, produziert man also analytische Daten in vier Dimensionen. Ebenso ist exakte Masse als weiteres Kriterium geeignet, einen Analyten unter nominellen Isobaren zu isolieren.

Vierdimensionale Analyse

Zur GC-MS-Analyse eines Steroids mit Carboxylgruppe in einer Matrix aus Fettsäuren derivatisiert man alle Komponenten zu Methylestern, die durch ihre geringere Polarität besser für die GC-Trennung geeignet sind. Unter EI-Bedingungen werden alle Methylester durch α-Spaltung $CH_3O^{\bullet}$, 31 u, eliminiert. In günstigen Fällen reicht die Separation durch die GC, um das Steroid getrennt im Chromatogramm zu detektieren. Ohne vorherige Trennung der Komponenten würde das Spektrum unter denen der Fettsäuremethylester nicht mehr erkennbar sein. Tritt die Zielverbindung aber in Spuren auf, können schon Überlagerungen am Fuß des chromatographischen Peaks die Erkennung der Komponente verhindern. Da man die Zielverbindung kennt, kann man durch ein Produkt-Ionen-Experiment Abhilfe schaffen: Man setzt MS1 auf die Masse von $M^{+\bullet}$ und MS2 auf $[M-31]^+$, was dazu führt, dass nur genau dann ein Signal auftaucht, während alle anderen Komponenten nicht die Durchlassbedingung erfüllen. Dieser Modus heißt Selected Reaction Monitoring (SRM). Es gibt aber noch mehr Möglichkeiten (Tab. 12.1).

Tab. 12.1 Betriebsweisen für Chromatographie-MS-Kopplung

MS1	MS2	Bezeichnung	Zweck
Scannt über Bereich	Nicht vorhanden bzw. Durchlass	GC-MS, LC-MS	Qualitative Analyse, Strukturbestimmung von Komponenten
Springt auf ausgewählten *m/z*-Wert	Nicht vorhanden bzw. Durchlass	*Selected Ion Monitoring,* SIM	Quantitative Analyse definierter Komponente; mehr Messzeit auf relevantem Signal
Springt reihum auf ausgewählte *m/z*-Werte	Nicht vorhanden bzw. Durchlass	*Multiple Ion Detection,* MID	Quantitative Analyse definierter Komponenten; mehr Messzeit auf relevanten Signalen
Springt auf exakt ausgewählte *m/z*-Werte	Nicht vorhanden bzw. Durchlass	*High-Resolution Selected Ion Monitoring,* HR-SIM	Wie SIM, aber wegen engem *m/z*-Intervall selektiver
Selektiert Vorläufer-Ion	Detektiert definiertes Fragment-Ion	*Selected Reaction Monitoring,* SRM	Wie SIM, aber mit zusätzlicher Selektion über einen Zerfallsweg
Springt reihum auf verschiedene Vorläufer-Ionen	Detektiert je ein zugehöriges Fragment-Ion	*Multiple Reaction Monitoring,* MRM	Quantitative Analyse sehr selektiv definierter Komponenten; viel Messzeit auf relevanten Signalen

Analyse von Pestizidrückständen mit GC-HR-TOF-MS

Bei der Analyse von Pestizidrückständen hat man den Vorteil, bekannte Verbindungen zu messen, muss aber das Problem lösen, möglichst viele der rund hundert gängigen Pestizide in einer Analyse zu erfassen. Für eine niedrigere Nachweisgrenze wäre Multiple Ion Detection (Tab. 12.1) optimal, doch führt die Zahl der einzeln zu messenden *m/z*-Werte den Vorteil der im Vergleich zum Scan verlängerten Akquisitionszeit pro *m/z* ad absurdum. Mit einem hochauflösenden TOF-Massenspektrometer kann man nachträglich beliebige RICs aus den Spektren extrahieren (Abb. 12.4). TOF-Massenspektrometer machen ja keine langsamen Scans, sondern liefern mit jedem Einzelspektrum (20–100 pro Sekunde) die volle Information. Für ein gutes Signal-zu-Rausch-Verhältnis muss man Einzelspektren über Intervalle von 0,2–1 s mitteln. Der Selektivitätsgewinn durch einen HR-RIC von $\Delta m/z = 0,02$ ist im Vergleich zu einem LR-RIC mit $\Delta m/z = 1$ offensichtlich.

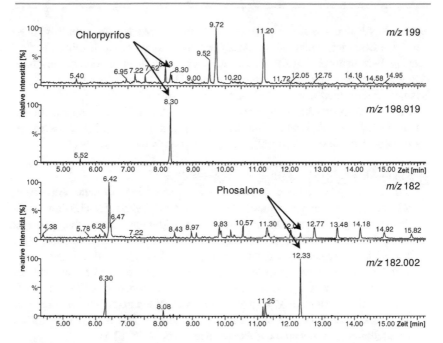

Abb. 12.4 Selektivitätsgewinn durch HR-MID im Vergleich zu MID bei der GC-MS-Analyse von Pestiziden. Bei Chlorpyrifos bewirkt der Übergang vom LR-RIC mit $\Delta m/z = 1$ zu einem HR-RIC von $\Delta m/z = 0{,}02$, sodass nur der Peak der gesuchten Verbindung bleibt. Auch bei Phosalon stören die im HR-RIC verbleibenden Peaks nicht, da die Komponente zusätzlich durch ihre Retentionszeit definiert ist. (Mit freundlicher Genehmigung angepasst aus [35]. © Elsevier 2010)

12.6 Flüssigchromatographie-Massenspektrometrie

Für die **Flüssigchromatographie-Massenspektrometrie** (*liquid chromatography-mass spectrometry,* LC-MS) setzt man API-Quellen ein, d. h. gewöhnlich ESI, APCI oder APPI. Das Eluat wird direkt von der Säule in den Sprühkopf geleitet. Moderne ESI-, APCI-, oder APPI-Quellen können mit Flüssen von 0,5–1,0 mL min^{-1} gut umgehen, da bei Bedarf reichlich heißes Gas zur Verdampfung und Desolvatation zur Verfügung gestellt wird (2–20 L min^{-1} bei 200–300 °C). Damit erfordert die Kopplung einer HPLC oder UHPLC an ein Gerät mit ESI, APCI oder APPI keine zusätzlichen Vorkehrungen; für das Massenspektrometer ist die LC einfach nur ein Einlasssystem [36, 37].

Bei der LC-MS ist LC-seitig auf die Wahl geeigneter Puffer oder deren völlige Einsparung zu achten. Die der LC-Trennung an sich förderlichen Puffer sind als

Salzfracht für den Ionisationsprozess nachteilig. Es werden dann oft nur Ionen der Salze detektiert, während der Analyt unterdrückt wird. Auch führen Puffersalze zu Verkrustungen im API-Interface. Flüchtige Puffer wie Ammonium-Salze dürfen in gewissen Grenzen verwendet werden. Der Übergang von LC zu LC-MS kann daher die Anpassung von LC-Methoden erfordern.

Für das gekoppelte Massenspektrometer stehen die gleichen Betriebsmodi wie bei der GC-MS zur Verfügung. Die Wahl richtet sich nach den Möglichkeiten des Analysators bzw. dessen Auswahl nach dem erforderlichen Experiment.

Differenzierung isomerer Peptide mit LC-MS/MS

Mit Tandem-MS können Peptidsequenzen analysiert werden. Aus einer Mischung von Peptiden kann man diese durch Vorläuferselektion nacheinander fragmentieren und aus den Tandem-Massenspektren ihre Sequenz ermitteln, da die Abstände verschiedener Serien von Fragment-Ionen die Masse der Aminosäurereste wiedergeben. Bei Phosphopeptiden findet man auch die Lage der Phosphorylierungsstelle [15]. Für isomere Peptide geht das nur nach LC-Trennung, da sie gleiche Massen haben. Die UPLC-MS-Analyse von sechs isomeren Monophospho-pSer-Peptiden zeigt eine Dreiergruppe von Strukturisomeren und eine mit D-Phosphoserin. Die mittels LC-MS/MS ermittelten Sequenzen sind den Peaks zugeordnet (Abb. 12.5).

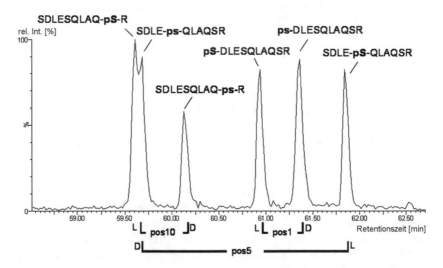

Abb. 12.5 UPLC-MS-Analyse sechs isomerer Monophospho-pSer-Peptide. Die Peaks der Paare von Diastereomeren sind mit Klammern verbunden. *pS* L-Phosphoserin, *ps* D-Phosphoserin. (Angepasst aus [38] mit freundlicher Genehmigung. © Wiley-VCH, 2009)

Fazit

13

Wir haben nun einen orientierenden Einblick in die Massenspektrometrie gewonnen. Ausgehend vom Prinzip der MS und konzeptionellen Aspekten haben wir uns mit den Grundlagen der MS befasst. Wichtig vor dem Einstieg in die MS selbst war das Verständnis der atomaren sowie isotopischen Zusammensetzung von Molekülen, da die Isotopie Konsequenzen für die Masse von (Molekül-) Ionen und die Abbildung im Massenspektrum als Isotopenmuster hat. Die Ionisation haben wir als Voraussetzung jeden massenspektrometrischen Experiments beleuchtet und darin auch die Ursache für Fragmentierungsprozesse gefunden. So gerüstet haben wir wesentliche Fragmentierungsreaktionen im Detail erarbeitet und im Wechselspiel damit das Herangehen an Massenspektren und deren Interpretation eingeübt. Danach konnten wir uns den wichtigsten sanften Ionisationsmethoden widmen und weitere Aspekte kennenlernen, die zur Gewinnung von Information aus derartigen Spektren erforderlich sind, wie etwa die zu erwartenden Typen von Ionen. Da all das ohne Massenanalysatoren nicht funktionieren würde, haben wir einen Blick auf die vielfältigen Massenanalysatoren geworfen und uns exemplarisch TOFs und Quadrupole näher angeschaut. Von da war es ein kleiner Sprung zur Tandem-MS, sowohl aus technischer als auch analytischer Sicht. Schließlich haben wir noch Gas- und Flüssigchromatographie und deren Kopplung mit der MS besprochen.

Das war nun einerseits eine Menge Lehrstoff, der schon eine solide Grundlage bietet, doch andererseits kann ein so kompaktes Buch keine erschöpfende Behandlung der MS bieten. Vieles blieb absichtlich unerwähnt, da für sinnvoller erachtet wurde, ein belastbares Fundament für den leichten Einstieg in eine faszinierende Materie zu vermitteln, als nur oberflächlich attraktive Themen in vielen bunten Bildern zu streifen. Wenn Ihnen das vorliegende Büchlein diese Grundlage geschaffen, ein paar handwerkliche Fähigkeiten im Umgang mit Massen-

© Springer-Verlag GmbH Deutschland, ein Teil von Springer Nature 2019
J. H. Gross, *Massenspektrometrie,* https://doi.org/10.1007/978-3-662-58635-8_13

spektren vermitteln und vielleicht Interesse für mehr MS-Wissen wecken konnte, dann haben Sie als Leser profitiert.

Für das vertiefte Studium der MS gibt es sowohl deutsche [39, 40] als auch englische Lehrbücher [41–44]. Auf Monographien zu speziellen Themen wurden schon in den Unterkapiteln verwiesen.

Literatur

1. Griffiths IW (1997) J. J. Thomson – the centenary of his discovery of the electron and of his invention of mass spectrometry. Rapid Commun Mass Spectrom 11(1):2–16. https://doi.org/10.1002/(SICI)1097-0231(19970115)11:1<2::AID-RCM768>3.0.CO;2-V
2. Busch KL (2000) Synergistic developments in mass spectrometry. A 50-year journey from „art" to science. Spectroscopy 15:30–39
3. Grayson MA (Hrsg) (2002) Measuring mass from positive rays to proteins. ASMS and CHF, Philadelphia
4. Jennings KR (Hrsg) (2012) A history of European mass spectrometry. IM Publications, Charlton Mill
5. McLafferty FM (Hrsg) (1983) Tandem mass spectrometry. Wiley, New York
6. Busch KL, Glish GL, McLuckey SA (1988) Mass spectrometry/mass spectrometry. Wiley-VCH, New York
7. Chapman JR (Hrsg) (2000) Mass spectrometry of proteins and peptides. Humana Press, Totowa
8. Kinter M, Sherman NE (2000) Protein sequencing and identification using Tandem mass spectrometry. Wiley, Chichester
9. Platzner IT, Habfast K, Walder AJ, Goetz A (1997) Modern isotope ratio mass spectrometry. Wiley, Chichester
10. de Laeter JR (2001) Applications of inorganic mass spectrometry. Wiley, New York
11. Becker JS (2008) Inorganic mass spectrometry: principles and applications. Wiley, Chichester
12. Colombini MP, Modugno F (Hrsg) (2009) Organic mass spectrometry in art and archaeology. Wiley, Chichester
13. Ramanathan R (Hrsg) (2009) Mass spectrometry in drug metabolism and pharmacokinetics. Wiley, Hoboken
14. Banoub JH, Limbach PA (2009) Mass spectrometry of nucleosides and nucleic acids. CRC Press, Boca Raton
15. Lehmann W-D (2010) Protein phosphorylation analysis by electrospray mass spectrometry: a guide to concepts and practice. Royal Society of Chemistry, Cambridge
16. Boyd RK, Basic C, Bethem RA (2008) Trace quantitative analysis by mass spectrometry. Wiley, Chichester

© Springer-Verlag GmbH Deutschland, ein Teil von Springer Nature 2019
J. H. Gross, *Massenspektrometrie*, https://doi.org/10.1007/978-3-662-58635-8

17. Todd JFJ (1995) Recommendations for nomenclature and symbolism for mass spectroscopy including an appendix of terms used in vacuum technology. Int J Mass Spectrom Ion Process 142:211–240
18. Murray KK, Boyd RK, Eberlin MN, Langley GJ, Li L, Naito Y (2013) Definitions of terms relating to mass spectrometry (IUPAC recommendations 2013). Pure Appl Chem 85(7):1515–1609. https://doi.org/10.1351/PAC-REC-06-04-06
19. Sparkman OD (2006) Mass spectrometry desk reference, 2. Aufl. Global View Publishing, Pittsburgh
20. Hiraoka K (2013) Fundamentals of mass spectrometry. Springer, New York
21. McLafferty FW, Turecek F (1995) Interpretation von Massenspektren. Springer Spektrum, Heidelberg
22. Tuniz C, Bird JR, Fink D, Herzog GF (1998) Accelerator mass spectrometry – ultrasensitive analysis for global science. CRC Press, Boca Raton
23. Prohaska T, Irrgeher J, Zitek A, Jakubowski N (Hrsg) (2015) Sector field mass spectrometry for elemental and isotopic analysis, 2. Aufl. Royal Society of Chemistry, Cambridge
24. Harrison AG (1992) Chemical ionization mass spectrometry, 2. Aufl. CRC Press, Boca Raton
24. Beckey HD (1977) Principles of field desorption and field ionization mass spectrometry. Pergamon Press, Oxford
26. Prókai L (1990) Field desorption mass spectrometry. Marcel Dekker, New York
27. Pasch H, Schrepp W (2003) MALDI-TOF mass spectrometry of synthetic polymers. Springer, Heidelberg
28. Hillenkamp F, Peter-Katalinic J (Hrsg) (2013) MALDI MS: a practical guide to instrumentation, methods and applications, 2. Aufl. Wiley-VCH, Weinheim
29. Wada Y (2012) Label-free analysis of O-glycosylation site-occupancy based on the signal intensity of glycopeptide/peptide ions. Mass Spectrom 1: A0008. https://doi.org/10.5702/massspectrometry.a0008
30. Dole RB (1997) Electrospray ionization mass spectrometry – fundamentals, instrumentation and applications. Wiley, Chichester
31. Pramanik BN, Ganguly AK, Gross ML (Hrsg) (2002) Applied electrospray mass spectrometry. Marcel Dekker, New York
32. Kebarle P, Verkerk UH (2009) Electrospray: from ions in solution to ions in the gas phase, what we know now. Mass Spectrom Rev 28(6):898–917. https://doi.org/10.1002/mas.20247
33. Sun L, Duan J, Tao D, Liang Z, Zhang W, Zhang L, Zhang Y (2008) A facile microdialysis interface for on-line desalting and identification of proteins by nano-electrospray ionization mass spectrometry. Rapid Commun Mass Spectrom 22(15):2391–2397. https://doi.org/10.1002/rcm.3622
34. Hübschmann H-J (2015) Handbook of GC-MS – fundamentals and applications, 3. Aufl. Wiley-VCH, Weinheim
35. Grimalt S, Sancho JV, Pozo OJ, Hernandez F (2010) Quantification, confirmation and screening capability of UHPLC coupled to triple quadrupole and hybrid quadrupole time-of-flight mass spectrometry in pesticide residue analysis. J Mass Spectrom 45(4):421–436. https://doi.org/10.1002/jms.1728

36. Niessen WMA, Voyksner RD (Hrsg) (1998) Current practice of liquid chromatography-mass spectrometry. Elsevier, Amsterdam
37. Ardrey RE (2003) Liquid chromatography-mass spectrometry – an introduction. Wiley, Chichester
38. Winter D, Pipkorn R, Lehmann WD (2009) Separation of peptide isomers and conformers by ultra performance liquid chromatography. J Sep Sci 32(8):1111–1119. https://doi.org/10.1002/jssc.200800691
39. Budzikiewicz H, Schäfer M (2012) Massenspektrometrie: eine Einführung, 6. Aufl. Wiley-VCH, Weinheim
40. Gross JH (2012) Massenspektrometrie – ein Lehrbuch. Springer Spektrum, Heidelberg
41. De Hoffmann E, Stroobant V (2007) Mass spectrometry – principles and applications, 3. Aufl. Wiley, Chichester
42. Watson JT, Sparkman OD (2007) Introduction to mass spectrometry, 4. Aufl. Wiley, Chichester
43. Ekman R, Silberring J, Westman-Brinkmalm AM, Kraj A (2009) Mass spectrometry: instrumentation, interpretation, and applications. Wiley, Hoboken
44. Gross JH (2017) Mass spectrometry – a textbook, 3. Aufl. Springer International Publishing, Cham. https://doi.org/10.1007/978-3-319-54398-7

Websites zur Massenspektrometrie

Deutsche Gesellschaft für Massenspektrometrie (DGMS): www.dgms.eu
American Society for Mass Spectrometry (ASMS): www.asms.org
Mass Spectrometry – A Textbook (Übungen, Lösungen, Downloads): http://www.ms-textbook.com
MS-Labor des Organisch-Chemischen Instituts der Universität Heidelberg: http://www.ms-ocihd.de
NIST Webbook (thermodynamische Daten): https://webbook.nist.gov

Sachverzeichnis

A

Acylium-Ion, 37
Alpha-Spaltung, 36
Atmosphärendruck-Ionisation, 90
  chemische, 90
  Methode, 86
Atommasse, relative, 59
Atommasseneinheit, 11
Auflösungsvermögen, 57
Auftrittsenergie eines Fragment-Ions, 30

B

Basispeak, 7
Benzylspaltung, 48
Benzylverbindung, 49
Born-Oppenheimer-Näherung, 28

C

Carbenium-Ion, 37
Chromatographie, 113
  mobile Phase, 113
  Retentionszeit, 114
  stationäre Phase, 113
CO-Eliminierung, 52
Collision-Induced Dissociation (CID), 106

D

Dalton s. Atommasseneinheit

Desorption/Ionisation, 70
Direkteinlass, 26
Dünnschichtchromatographie, 117

E

Einheitsauflösung, 102
Electron Transfer Dissociation
  (TED), 107
Elektronenstoßionisation, 24
Elektrospray-Ionisation, 84
  Interface, 86
  Prozess, 86
Element, monoisotopisches, 13
Even-Electron-Regel, 45

F

Fast Atom Bombardment, 79
Felddesorption, 76
Feldionisation, 75
Flugzeitanalysator, 99
Flugzeit-Massenspektrometer, 100
Flüssigchromatographie, 113
  Massenspektrometrie, 122
Fourier-Transform-Ionencyclotron-
  resonanz, 99
Fragmentierungsreaktion,
  massenspektrometrische, 33
Fragment-Ion, 7, 33
Franck-Condon-Prinzip, 28

© Springer-Verlag GmbH Deutschland, ein Teil von Springer Nature 2019
J. H. Gross, *Massenspektrometrie*, https://doi.org/10.1007/978-3-662-58635-8

G
Gaschromatogramm, 115
Gaschromatographie, 113
Gaschromatographie-
    Massenspektrometrie-
    Kopplung, 118
Gasphasenreaktion, 106

H
HCN-Eliminierung, 53
Hochauflösung, 57
Hochdruckflüssigchromatographie, 117
Hochleistungsflüssigchromatographie, 117
Hybridgerät, 99

I
Iminium-Ion, 39
Ion
    Acylium-Ion, 37
    Carbenium-Ion, 37
    charakteristisches, 42
    distonisches, 47
    Fragment-Ion, 33
    Iminium-Ion, 39
    in der Gasphase, 3
    isobares, 61
    monoisotopisches, 20
    Radikal-Ion, 24
Ionenarten bei Ionisationsmethoden der
    MS, 91
Ionenchromatogramm, rekonstruiertes, 119
Ionenquelle, 26
Ionisation, 23
Ionisationsausbeute, 29
Ionisationsmethoden, 69
    DART, 66
    Ionenarten, 91
    Überblick, 92
Ionisierungsenergie, 29
Isotope, 11
Isotopenmasse s. Masse, exakte
Isotopenmuster, 14
    Berechnung, 16
    Halogene, 17

Isotopologe, 20
Isotopomere, 20

L
Laserdesorption/Ionisation, 80
    matrix-unterstützte, 80
*Liquid Injection Field Desorption/Ioniza-
    tion*, 76
Liquid Secondary Ion Mass Spectrometry, 79

M
m/z-Wert, 8
MALDI-MS
    Matrix, 80
    Präparation, 82
Masse
    exakte, 59
        Berechnung, 61
    nominelle, 61
Massenanalysator, 97
Massenauflösung, 57
Massendefekt s. Masse, exakte
Massengenauigkeit
    absolute, 63
    relative, 63
Massenkalibrierung, 62
Massenspektrometrie, 3
    Historie, 3
Massenspektrum, 3
Masse-zu-Ladung-Verhältnis, 8
McLafferty-Umlagerung, 46
Molekül-Ion, 7
Molpeak, 7

N
Neutralverlust, 7, 43
NIST/EPA/NIH Mass Spectral Data Base,
    109

O
Orbitrap, 99

P

Profilspektrum, 8
Pumpen, differenzielles, 86

Q

Quadrupol, 98
  Analysator, 101
  Ionenfalle
    dreidimensionale, 98
    lineare, 98

R

Radikal-Ion, 24
Radikalverlust, 43
Radiofrequenz-Quadrupol, 102
Rayleigh-Limit bei ESI, 86
Referenzeinlasssystem, 26
Retentionszeit in der Chromatographie, 114
Retro-Diels-Alder-Reaktion, 50

S

Säulenchromatographie, 113, 117
Sektorfeld, magnetisches, 98
Sekundärionen-Massenspektrometrie, 78
Sigma-Spaltung, 34
Stevenson-Regel, 34, 37
Stickstoff-Regel, 40
Strichspektrum, 8

T

Tandem-Massenspektrometrie, 5, 105
Taylor-Konus bei ESI, 86
Totalionenchromatogramm, 119

U

Ultrahigh Pressure Liquid Chromatography, 117
Ultra Performance Liquid Chromatography, 117

Printed in the United States
By Bookmasters